Bernhard Mackowiak

Die Erforschung der Exoplaneten

Bernhard Mackowiak

Die Erforschung der Exoplaneten

Auf der Suche nach
den Schwesterwelten
des Sonnensystems

KOSMOS

INHALT

DIE EXOPLANETEN-JAGD LÄUFT

Gibt es Planeten bei fernen Sternen? Was gestern noch wie ein Märchen klang und die Domäne der Science-Fiction war, ist heute zur Gewissheit geworden: die Existenz von Planeten jenseits unseres Sonnensystems – kurz Exoplaneten genannt. Seit der Entdeckung des ersten Exoplaneten namens 51 Pegasi b im Jahre 1995 hat sich die Suche nach Planeten bei anderen Sternen zu einem der spannendsten Arbeitsgebiete der Astronomie entwickelt.

Eine rasante Entwicklung

20 Jahre nach der ersten Entdeckung eines Exoplaneten kann sich die Ausbeute sehen lassen: Anfang 2015 waren 1888 Exoplaneten in 1187 fernen Sonnensystemen bekannt, darunter 477 mit zwei bis sieben Planeten sowie über 2000 weitere Planetenkandidaten – und es werden fast täglich mehr. Der Grund dieser Suchaktion ist einfach: Wenn unser Sonnensystem nicht einzigartig ist, dann ist es höchstwahrscheinlich unsere Erde ebenso wenig – und damit auch jenes Phänomen, das wir Leben nennen.

So gleicht die Suche nach Exoplaneten einem Theater- oder Opernstück mit dem Kosmos als Bühne. Die vier Akte dieses himmlischen Schauspiels heißen:

1. Spekulationen über extrasolare Welten
2. Ihr wissenschaftlicher Nachweis
3. Suche nach weiteren Kandidaten
4. Erforschung der neuen Welten

Entdeckung einer zweiten Erde

Was uns bisher in den Akten Eins bis Vier geboten wurde, ist aufregend genug. Und doch fiebern alle dem dramatischen Höhepunkt im Schlussakkord entgegen: der Entdeckung von „Terra II", einer Schwesterwelt unserer Erde. Vielleicht müssen wir darauf noch Jahre warten, vielleicht aber hat die Meldung darüber bereits die Runde gemacht, wenn dieses Buch erschienen ist. Für heute gilt: Wir kennen die unterschiedlichsten Charaktere unserer Protagonisten namens Exoplaneten. Sie reichen von Welten mit den Dimensionen und Eigenschaften unseres Riesenplaneten Jupiter bis hin zu großen Gesteinsplaneten, den sogenannten Supererden. Manche Exoplaneten nähern sich ihrem Zentralgestirn auf riskanten Bahnen und laufen dabei Gefahr, von ihm verschlungen zu werden, andere vagabundieren ohne Zentralstern durch die dunklen Tiefen des Weltalls.

Mit diesem Buch erhalten Sie einen grundlegenden Überblick über den aktuellen Stand der Exoplanetenforschung. Es richtet sich an all jene, für die dieses Thema zwar zu den interessantesten Forschungsgebieten gehört, die aber nicht gleich ein Studium der Astronomie betreiben wollen. Auf diese Einführung folgt ein Schnellkurs, so dass man nicht vollkommen unvorbereitet dieses Neuland betritt.

Mein herzlicher Dank gilt Professor Dieter B. Herrmann, dem emeritierten Direktor der Archenhold-Sternwarte und Leiter des Zeiss-Großplanetariums in Berlin, für seine fachliche Beratung. Ferner danke ich meinem langjährigen Freund Wolfgang Siebert sowie meiner Schwester Martina Wöckener. Sie waren als Testleser tätig und haben das Geschriebene auf Verständlichkeit hin überprüft. Sollten dennoch Fehler verblieben sein, so gehen sie selbstverständlich allein zu Lasten des Autors.

Ganz gleich, aus welchem Grund jemand zur Lektüre dieses Buches greift: Er wird erfahren, dass kein anderes Stück zurzeit so spannend und dramatisch ist – zumal es laufend fortgeschrieben wird – wie das mit dem Titel: „Die Erforschung der Exoplaneten – auf der Suche nach den Schwesterwelten des Sonnensystems".

Bernhard Mackowiak
Neu-Westend, Berlin-Charlottenburg (-Wilmersdorf), Deutschland in Europa, auf dem dritten Planeten des Sonnensystems, bei 57 Grad galaktischer Länge und 22 Grad galaktischer Breite im Orion-Arm der Galaxis, im Galaxienhaufen der Lokalen Gruppe, Teil des Virgo-Superhaufens, am 31. Tag des dritten Monats im Jahr 2015.

SCHNELLKURS ÜBER EXOPLANETEN

Im Zuge der Exoplanetenforschung sind zum einen neue Begriffe entstanden, zum anderen haben bereits existierende eine neue Bedeutung erfahren. Die nachfolgende Übersicht soll den Einstieg in dieses Thema erleichtern.

Exoplanet

Ein Planet, der jenseits unseres Sonnensystems um einen anderen Stern kreist. Exoplaneten werden von der Helligkeit ihres Muttersterns überstrahlt, so dass sie nur in sehr seltenen Fällen direkt gesehen werden können. Außerdem sind Sterne und ihre Exoplaneten so weit von uns entfernt, dass das Maß des Kilometers nicht mehr ausreicht, um die Distanz „handhabbar" anzugeben. Deshalb verwendet die Astronomie das

Lichtjahr

Die Strecke, welche das Licht (rund 300.000 km/s) in einem Jahr zurücklegt. Sie beträgt 9,5 Billionen Kilometer. Der nächste Stern ist 4,3 Lichtjahre von uns entfernt. Doch nicht nur zwischen den Sternen und Galaxien, sondern auch in einem Planetensystem herrschen gewaltige Distanzen, für die eine Angabe in Kilometern ebenfalls eine zu große Zahlenschreibweise bedeutet. Hier benutzen die Astronomen deshalb die nach dem Lichtjahr nächst kleinere Entfernungsangabe, die

Astronomische Einheit

Sie wird mit „AE" abgekürzt und ist der mittlere Abstand zwischen Erde und Sonne, rund 150 Millionen Kilometer. Merkur ist nur 0,4 AE von der Sonne entfernt, Saturn fast 10 AE und Neptun 30 AE. Viele Exoplaneten sind ihrem Stern viel näher als Merkur. Da sie im Glanz ihres Mut-

tersterns nicht direkt sichtbar sind, basiert eine Nachweismethode auf der

Spektralanalyse

Darunter versteht man die Zerlegung des Sternenlichts in die Farben des Regenbogens. In einem Sternspektrum sind dunklen Linien erkennbar, die Informationen über den Stern selbst enthalten, zum Beispiel seine chemische Zusammensetzung. Minimale Verschiebungen der Spektrallinien lassen auf einen zweiten Stern oder sogar Exoplaneten schließen. Das zugrundeliegende Phänomen nennt sich

Dopplereffekt

Er wird durch die Bewegung einer Schall- oder Strahlungsquelle hin zum Beobachter oder weg von ihm verursacht, was eine Frequenzänderung zur Folge hat. Beim Schall zeigt sie sich in einem höheren Ton bei Annäherung und einem tieferen beim Entfernen. Im Spektrum eines Sterns macht sich die Annäherung durch die Verschiebung der Absorptionslinien in den blauen Bereich bemerkbar; sind sie zur roten Farbe hin verschoben, entfernt sich der Stern von uns. Auch Radiostrahlung zeigt ein solches Phänomen.

Spektralklassen

Um Sterne nach ihren Eigenschaften zu klassifizieren, bedient man sich der Buchstabenfolge O, B, A, F, G, K und M. Dabei sind blauweiße O-Sterne besonders heiß, rötliche M-Sterne am kühlsten. Unsere gelb leuchtende Sonne ist mit 5500 Grad Oberflächentemperatur nach dieser Einteilung ein Stern des Typs G und wird als Zwergstern bezeichnet. Sterne wie die Sonne und kühlere Typen sind für Leben tragende Exoplaneten die am besten geeigneten Kandidaten, denn sie verfeuern ihre Energie nur langsam und leuchten Milliarden Jahre lang.

Der Nachweis von Exoplaneten ist nur mit speziellen Verfahren möglich – am häufigsten geschieht das indirekt, in einigen Fällen bereits auf direkte Weise. Zu den indirekten Nachweismethoden gehören die

Transitmethode

Sie nutzt das Vorüberziehen eines dunklen Exoplaneten vor seinem Mutterstern, was sich in einem geringen Abfall der aufgezeichneten Helligkeit bemerkbar macht.

Radialgeschwindigkeitsmethode

Sie misst die Bewegungsgeschwindigkeit eines Sterns auf uns zu oder von uns weg (Dopplereffekt). Das minimale Zerren eines Exoplaneten an seinem Zentralstern führt zu periodischen Veränderungen in den Absorptionslinien.

Astrometrische Methode

Sie basiert darauf, dass nicht nur der Mutterstern durch seine Gravitation den Planeten beeinflusst, indem er ihn auf eine Umlaufbahn zwingt, sondern dass auch der umlaufende Planet mit seiner Schwerkraft auf den Zentralstern einwirkt. Dann scheint der Stern vor dem Hintergrund anderer Sterne zu „wackeln". Bisher konnte mit der astrometrischen Methode kein Exoplanet zweifelsfrei nachgewiesen werden; man erwartet aber Erfolge durch die genauen Messungen der Astrometrie-Raumsonde *Gaia*.

Mikrolinseneffekt

Diese Methode des Exoplanetennachweises macht sich die Tatsache zunutze, dass Körper mit ihrer Masse und somit ihrer Schwerkraft den umgebenden Raum minimal verbiegen. Zieht vor einem weit entfernten Stern ein anderer, näher gelegener vorbei, dann bündelt die Schwerkraft des vorderen Sternes das Licht des hinteren so in Richtung des Beobachters, dass dessen Helligkeit charakteristisch schwankt. Falls ein Planet den Vordergrundstern begleitet, macht er sich in der aufgezeichneten Lichtkurve bemerkbar.

Direktaufnahme

Um einen Exoplaneten durch ein Foto und damit auf direktem Weg nachzuweisen, ist ein hoher technischer Aufwand nötig: Im Teleskop wird das Licht des Sterns, bei dem man einen Exoplaneten vermutet, durch eine Blende abgeschattet. In einigen Fällen ist es auf diese Weise bereits gelungen, Exoplaneten zu fotografieren, allerdings ohne Details.

Heiße Jupiter

Diese Exoplanetenart hat in unserem Sonnensystem kein Pendant. Zwar ähneln die Heißen Jupiter mit ihren dichten Wasserstoff-Methan-Ammoniak-Atmosphären und gewaltigen Dimensionen dem größten Planeten unseres Sonnensystems, kreisen jedoch in äußerst geringem Abstand um den Mutterstern (näher als Merkur um die Sonne). Dadurch werden sie sehr stark aufgeheizt und haben hohe Oberflächentemperaturen.

Supererden

Sie stellen den zweiten und ebenfalls exotischen Exoplanetentyp dar, der entdeckt wurde. Sie kreisen wie die Erde in jener Zone um ihren Stern, wo die Temperaturen so sind, dass flüssiges Wasser und damit Leben existieren kann (habitable Zone). Doch sind diese Planeten um ein Vielfaches größer und schwerer als die Erde.

Habitable Zone

Die habitable (= bewohnbare) Zone ist jener Abstand um einen Stern, in der Wasser auf einem Exoplaneten in flüssiger Form vorkommt. Der Nachweis von Lebensspuren, wie Sauerstoff und Methan sowie Chlorophyll, ist das oberste Ziel. Es ergibt sich daraus, dass Leben, wie wir es kennen, drei Bestandteile braucht: flüssiges Wasser; Elemente wie Kohlenstoff, Stickstoff und Schwefel sowie eine Energiequelle.

1 FREMDE WELTEN IN SCIENCE UND FICTION

Warum Menschen schon immer über ferne Welten
und fremdes Leben nachdachten

Als der Mensch begann, zu den Gestirnen aufzublicken, stellte er sich die Frage, was diese Objekte wohl sein mögen: Sind es von höheren Mächten angebrachte Himmelslichter oder verbergen sich dort Welten wie unsere Erde? Darüber konnte man lange Zeit nur spekulieren. Auch nachdem das Fernrohr in die Astronomie Einzug gehalten hatte und die Naturwissenschaften sowie der technische Fortschritt eine solidere Grundlage für die Beantwortung dieser fundamentalen Fragen bereitstellten, änderte sich daran für lange Zeit nichts.

Eine neue Sichtweise der Natur

Gibt es außer unserer Erde noch andere Erden oder zumindest erdähnliche Welten im Weltall? Und falls ja: Sind diese bewohnt? Mit anderen Worten: Sind wir allein im Kosmos? Seit wann die Menschen über diese Fragen nachdachten und wer zuerst versuchte, darauf eine Antwort zu finden, wissen wir nicht. Nur so viel ist sicher: Es musste ein Umdenken über das Wesen der Naturphänomene stattgefunden haben. Die Welt und ihre zahlreichen Naturerscheinungen wurden nicht mehr als Ausdruck göttlichen Willens und Waltens gesehen. Stattdessen wurde die Natur als Ansammlung belebter und unbelebter Dinge aufgefasst. Aus den Beobachtungen der Phänomene wurden Erkenntnisse gewonnen, welche schließlich in ein möglichst widerspruchsfreies Erklärungsmodell mündeten. Wesentlichen Anteil daran hatte die Entwicklung von Beobachtungs- und Messinstrumenten: Thermometer und Barometer, Mikroskop und Teleskop verhalfen dem noch jungen Gebiet der Naturwissenschaft im 17. Jahrhundert zu gewaltigen Fortschritten. Erst mit ihrer Hilfe konnten sich die Biologie, Astronomie, Physik und Chemie sowie die Meteorologie zu den modernen Naturwissenschaften entwickeln.

Und zur Natur gehörte nicht nur die Erde mit ihren vielfältigen Erscheinungen – also Landschafts- und Lebensformen sowie Naturgewalten –, sondern auch der Himmel. Er erschien bereits den Griechen geordnet und ewig, weshalb sie vom „Kosmos" sprachen. Die Untersuchung der kosmischen Objekte stellte jedoch die frühen naturforschenden Menschen vor ein Problem, das sich bis heute nur wenig geändert hat. Es sind die riesigen und meist unüberwindlichen Entfernungen der Gestirne: Sonne, Planeten und Sterne sind unserer direkten Erfahrung entzogen.

Gedanken von Philosophen und Literaten

Lange Zeit gab es keine Möglichkeit, über unsere Welt hinauszublicken; und so konnten die Menschen nur spekulieren. Die Beantwortung der Frage, ob es andere Erden jenseits der Erde gäbe und damit auch andere Lebewesen außer den irdischen, lag deshalb zumeist in den Händen der Naturphilosophen und Literaten. Doch die machten bereits vor mehr als 2000 Jahren Aussagen, die für uns und das hier behandelte Thema merkwürdig vertraut klingen – und das zu einem Zeitpunkt, wo die Menschen nur das vom Himmel kannten, was ihnen ihre Augen und ihr Gehirn offenbarten.

Die frühen Weltbilder sahen die Erde als Zentrum des Kosmos. An der sich über sie wölbenden Himmelskugel zogen Sonne, Mond, Merkur, Venus, Mars, Jupiter und Saturn als sogenannte Wandelsterne ihre Bahn. Das geschah unter den unzähligen unbeweglichen Sternen, die deshalb „Fixsterne" genannt wurden. Die Frage, ob es sich vor allem bei den Wandelsternen um belebte Welten handelt, wurde nur am Rande gestreift oder gar nicht diskutiert, denn Erde und Menschen wurden als Krone der Schöpfung gesehen und galten daher als einzigartig im Kosmos. Was stattdessen unter den Gelehrten

Entfernungen im Weltall

Um die Entfernungen im Kosmos auszudrücken, ist die irdische Einheit „Kilometer" nicht geeignet, da die Werte rasch unhandlich werden. Für das Weltall haben die Astronomen daher eigene Maßeinheiten eingeführt. Im Sonnensystem wird die Astronomische Einheit (AE) verwendet. Sie ist definiert als der mittlere Abstand zwischen Erde und Sonne und beträgt 149,6 Millionen Kilometer.

Noch größere Entfernungen, wie sie zwischen Sternen und Galaxien herrschen, werden in zwei Größen ausgedrückt: Das Lichtjahr (Lj) als jene Distanz, die das Licht bei einer Geschwindigkeit von 299.792 Kilometer pro Sekunde in einem Jahr zurücklegt. Einem Lichtjahr entsprechen 63.240 AE oder 9,46 Billionen Kilometer. Weiterhin gibt es das Parsec (pc), abgekürzt von „Parallaxensekunde". Unter der Parallaxe versteht man den Winkel (gemessen in Bogensekunden), unter dem ein Stern relativ zu weiter entfernten Sternen zu verschiedenen Jahreszeiten von der Erde aus zu sehen ist. Ein Parsec misst 3,26 Lj, was wiederum 206.260 AE oder 30,9 Billionen Kilometer entspricht.

Die nachfolgende Tabelle verdeutlicht die genannten Maßeinheiten anhand der Laufzeiten des Lichtes:

Erde zu Mond	384.400 km = 1 Lichtsekunde
Erde zur Sonne	149,6 Mio. km = 1 AE = 8,3 Lichtminuten
Sonne zu Jupiter	778,6 Mio. km = 5,46 AE = 40 Lichtminuten
Sonne zu Pluto	5,9 Mrd. km = 49 AE = 5,5 Lichtstunden
Sonne zum nächsten Stern	4,3 Lichtjahre
Sonne zum Stern 51 Pegasi	50 Lichtjahre
Sonne zum Zentrum der Milchstraße	ca. 28.000 Lichtjahre
Durchmesser der Milchstraße	ca. 120.000 Lichtjahre
Distanz zur Andromedagalaxie	rund 2,5 Millionen Lichtjahre
Distanz zu den entferntesten Galaxien	rund 14 Milliarden Lichtjahre

Schon auf der Erde sind große Distanzen, etwa zwischen den Kontinenten, kaum nachvollziehbar, da sie außerhalb unserer Alltagserfahrung liegen. Noch viel unvorstellbarer verhält es sich mit den Entfernungen im Weltall, hier an bekannten Objekten und der Laufzeit des Lichts verdeutlicht.

ausgiebig diskutiert wurde, war: Wie ist die Welt aufgebaut und welche Kräfte bewegen sie? Die daraus entstandenen Vorstellungen über Erde und Himmel wurden im alten Babylon von den Priestern entwickelt, die den Himmel von den zahlreichen stufenförmigen Tempeltürmen aus beobachteten. Im antiken Griechenland waren es Philosophenschulen wie die der Atomisten und Pythagoreer, die sich über den Aufbau des Kosmos Gedanken machten.

Daher gab es auch nicht ein Weltbild der Antike, sondern verschiedene Weltbilder. Sie lösten einander auch nicht unbedingt ab, sondern existierten weitgehend nebeneinander. Ihr Ziel war, den Aufbau des damals bekannten Universums und die sich daraus ergebenden Erscheinungen logisch zu erklären.

Ein Universum aus Atomen

In Griechenland waren die Atomisten der Meinung, dass unsere Welt aus Leere und Atomen aufgebaut sei. Und diese Atome seien unteilbar – daher der Name für die lange Zeit als kleinste Bausteine der Materie angesehenen Teilchen. Am Anfang der Welt beherrschten sie als wirbelnde Masse das gesamte Universum und erzeugten den Zustand des Chaos. In ihm kollidierten dann die Atome und bildeten größere Brocken aus Materie, bis aus diesem Prozess die Erde hervorging und alles, was sich auf ihr befand.

Vertreten wurden diese schon sehr modernen Gedanken, die unseren Vorstellungen von der Entstehung der Welt recht nahekommen – ebenso was die Rolle der Materieteilchen angeht –, von Leukipp (im 5. Jh. v. Chr.) und seinem Schüler Demokrit (ca. 5. Jh. v. Chr.). Daraus ergab sich für Demokrit die Folgerung und Frage: Weshalb sollte aus diesem Wirrwarr von Uratomen nur eine Welt hervorgehen – und außer unserer Erde nicht noch andere Welten geboren werden? Und wenn aus der Zusammenballung von Atomen so das Leben auf der Erde entstehen konnte – also nicht als willkürlicher Akt der Götter –, dann musste das natürlich auf anderen Welten ebenfalls geschehen sein, meinte auch der Philosoph Epikur (341–270 v. Chr.) In einem seiner Briefe schrieb er: „Es gibt unzählige Welten, sowohl solche wie die unsere als auch andere. (...) Nichts spricht gegen eine unendliche Anzahl Welten (...) Wir müssen akzeptieren, dass es auf allen Welten Lebewesen, Pflanzen und andere Dinge gibt, wie wir sie auf unserer Welt erblicken." Damit war die Erde im Kosmos nicht alleine, sondern auch die Menschen waren im Universum nur ein Volk unter vielen.

Der Aufbau des Weltalls

Ein Blick zum klaren Nachthimmel zeigt den Mond, einige Planeten und tausende Sterne. Sie sind unterschiedlich hell, im Fernrohr erkennt man die Größen der Planeten, doch Sterne bleiben auch im besten Teleskop der Welt punktförmig. All diese Körper sind aus dünnen Nebeln entstanden, der interstellaren Materie. Man kann diese Nebel als leuchtende Wolken beobachten – am bekanntesten ist der Orion-Nebel –, oder sie zeichnen sich als dunkle Schemen vor dem Hintergrund der Sterne ab, wie es beim „Kohlensack" im Sternbild Kreuz des Südens der Fall ist.

Die interstellare Materie besteht überwiegend aus Wasserstoff, dem Grundbaustein des Universums, vermischt mit schwereren Elementen, die durch eine Sternexplosion (eine Supernova) entstanden sind. Diese Materie bildet das Baumaterial für neue Sterne, Planeten, Kometen und kleinere Gesteinsbrocken.

Die kleinsten Brocken werden als Meteoroide bezeichnet, größere als Asteroiden oder Planetoiden, gefolgt von Kometen. Dann kommen die Monde und Planeten sowie die Sterne, um die sie kreisen. Sterne entstehen oft in Sternhaufen; und alle Sterne am Himmel sind Teil unserer Milchstraße, einer Galaxie. Ihr Band mit zahlreichen Sternen ist die Scheibenebene der spiralförmigen Galaxis.

Diese Welteninseln sind wiederum in sogenannten Haufen organisiert (die Milchstraße gehört mit 76 anderen Galaxien zur sogenannten Lokalen Gruppe), die sich zu Superhaufen wie dem Virgo-Superhaufen mit 100-200 Galaxienhaufen vereinigen. Diese sind in Filamenten (fadenförmigen Verbindungen zwischen Galaxien- und Superhaufen) um riesige Voids (Leerräume) angeordnet und geben dem beobachtbaren Universum die Form von Seifenschaum.

Das Räderwerk des Himmels

Alle antiken Völker, die Himmelsbeobachtung betrieben, konnten sich nur an dem orientieren, was ihnen der Augenschein bot. Danach erschien ihnen die Erde als ruhende Scheibe, über die sich halbkugelförmig der Himmel wölbt. Vor dem Hintergrund der festgehefteten Gestirne (Fixsterne), die als Öffnungen gesehen wurden, durch die das himmlische Feuer schien, wanderten Sonne, Mond und die Planeten Merkur, Venus, Mars, Jupiter und Saturn als Vertreter der Götter über den Himmel um die Erde, weshalb sie als „Wandelsterne" bezeichnet wurden.

Ihren Lauf versuchten die babylonischen und ägyptischen Himmelskundler zu erkunden, um einen funktionierenden Kalender für Aussaat und Ernte sowie Festtage zu erhalten. Für diese beiden Völker standen rein praktische Erwägungen im Vordergrund.

Dagegen sahen die Griechen die Bewegungen am Himmel unter dem Blickwinkel der Geometrie und wollten dessen Gesetzmäßigkeiten herausfinden. Die Schule der Pythagoreer nahm aus diesem Grund die Kugelgestalt der Erde und des Kosmos an, ferner dass Sonne, Mond und die fünf Planeten auf verschiedenen Kugelschalen gleichmäßige Bewegungen um die Erde vollführten. Die Reihenfolge und Abstände der Planeten von der Erde wurden durch die scheinbaren Proportionen vorgegeben, also Mond, innere Planeten (Merkur, Venus), Sonne, gefolgt von den äußeren Planeten (Mars, Jupiter, Saturn) sowie der Sphäre der Fixsterne.

Während sich die tägliche Umdrehung des Fixsternhimmels als eine gleichmäßige Bewegung vollzog, wiesen die Planeten auch entgegengesetzte, nicht kreisförmige Eigenbewegungen auf, die sich zudem im Helligkeitswechsel widerspiegelte. Dieses Verhalten versuchten die griechischen Astronomen durch die Epizykeltheorie zu erklären. Demnach bestand eine Planetenbahn aus einem die Erde umlaufenden großen Hauptkreis (Deferent), der wiederum

Das Planetensystem mit der Erde im Zentrum.

Mittelpunkt eines kleineren Kreises war (Epizykel). Auf diesem Kleinkreis lief der Planet um, während er gleichzeitig mit ihm auf dem Großkreis um die Erde wanderte.

Mit diesem Bewegungsmuster konnten die periodischen Stillstände und rückläufigen Bewegungen sowie wechselnden Abstände zwischen einem Punkt der kleinsten Entfernung von der Erde (Perigäum) und dem der größten Distanz (Apogäum) zufriedenstellend erklärt, ja vorausberechnet werden. Das funktionierte die ganze Antike hindurch gut bis zum ausgehenden Mittelalter.

Dann aber waren die Abweichungen zwischen den berechneten und tatsächlichen Positionen so groß geworden, dass die Astronomen sich schließlich der heliozentrischen Theorie der Planetenbewegung zuwandten. Sie wurde auch schon von einigen antiken Naturforschern und -philosophen wie Aristarch von Samos vertreten. Danach ist die Sonne der Mittelpunkt des Planetensystems, und alle Bewegungen im Planetensystem sind auf sie zu beziehen. In diesem Zusammenhang ist folgende schriftliche Äußerung des griechischen Mathematikers, Physikers und Ingenieurs Archimedes (um 287 – 212 v. Chr.) in seiner „Sandrechnung" interessant:

„Du, König Gelon, weißt, dass ‚Universum' die Astronomen jene Sphäre nennen, in deren Zentrum die Erde ist, wobei ihr Radius der Strecke zwischen dem Zentrum der Sonne und dem Zentrum der Erde entspricht. Dies ist die allgemeine Ansicht, wie du sie von Astronomen vernommen hast. Aristarch aber hat ein Buch verfasst, das aus bestimmten Hypothesen besteht, und das, aus diesen Annahmen folgernd, zeigt, dass das Universum um ein Vielfaches größer ist als das ‚Universum', welches ich eben erwähnte. Seine Thesen sind, dass die Fixsterne und die Sonne unbeweglich sind, dass die Erde sich um die Sonne auf der Umfangslinie eines Kreises bewegt, wobei sich die Sonne in der Mitte dieser Umlaufbahn befindet, und dass die Sphäre der Fixsterne, deren Mitte diese Sonne ist und innerhalb derer sich die Erde bewegt, eine so große Ausdehnung besitzt, dass der Abstand von der Erde zu dieser Sphäre dem Abstand dieser Sphäre zu ihrem Mittelpunkt gleichkommt."

Aristarch denkt hier seiner Zeit weit voraus: Wenn nicht die Erde, sondern die Sonne im Zentrum steht, so müssten wir eigentlich eine Parallaxe beobachten (Verschiebung der scheinbaren Position eines Sterns am Himmel durch die unterschiedliche Stellung, die die Erde auf ihrer Wanderung um die Sonne während eines Jahres auf ihrer Bahn einnimmt. Jeder kann diesen Effekt selbst beobachten, indem er den Daumen ansieht, wenn er die Augen wechselseitig schließt. Er scheint dann zu springen). Auf die gleiche Weise müsste sich das Erscheinungsbild des Sternhimmels abhängig von der aktuellen Position während eines Umlaufs der Erde um die Sonne verändern.

Doch der Parallaxenwinkel ist selbst bei den sonnennächsten Sternen kleiner als eine Bo-

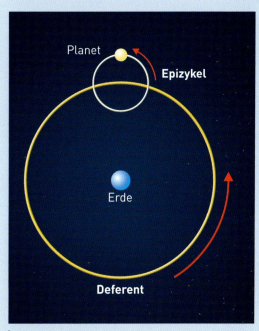

Mit dem „Epizykelsystem" wurden früher die Planetenschleifen erklärt: Ein Planet bewegt sich auf einem kleinen Kreis (Epizykel) und der wiederum auf einem großen Kreis (Deferent) um die Erde.

gensekunde und daher mit bloßem Auge nicht feststellbar. Diese anscheinend fehlende Parallaxe war das Hauptargument gegen Aristarchs Modell. Den Grund ihrer Winzigkeit erklärt Aristarch mit der unvorstellbar großen Entfernung zu den Fixsternen, gegenüber der der Durchmesser der Erdbahn verschwindend klein sei. Deshalb konnte sich Aristarchs Modell zu seiner Zeit nicht durchsetzen, und auch Kopernikus und seine Anhänger konnten zu ihrer Zeit diesen Beweis nicht antreten. Dass sie dennoch für das heliozentrische Modell eintraten, lag einfach daran, dass sich mit ihm die Planetenpositionen genauer berechnen ließen. Die Fixsternparallaxe wurde erst 1838 durch Beobachtungen mit einem Teleskop nachgewiesen.

Die erste Idee eines helio- zentrischen Weltsystems

Ansichten, die ihrer Zeit weit voraus waren, wurden auch in der Philosophenschule der Pythagoreer gelehrt. Nach Philolaos von Kroton (um 5. Jh. v. Chr.) gibt es in der Mitte des Alls ein gewaltiges, aber für Menschen nicht sichtbares Feuer, um das sich alle damals am Himmel beobachtbaren Wandelsterne bewegen, zu denen auch die Sonne gezählt wird. Diese Idee war somit Vorläufer des heliozentrischen Weltsystems. Es war schließlich Aristarch von Samos (um 310–230 v. Chr.), der diese Vorstellung abänderte, indem er die Sonne ins Zentrum der Planetenbahnen stellte. Er gilt somit als einer der ersten Vertreter jenes Weltsystems, wonach alle Planeten die Sonne umlaufen und lediglich der Mond um die Erde kreist.

Auch die Erde wurde von den Verfechtern dieser Idee nicht mehr als ruhende Scheibe angenommen, sondern drehte sich als Kugel einmal täglich um ihre Achse. Sie besaß nach Philolaos von Kroton sogar ein Gegenstück in Form einer Gegenerde, die sich unserem Planeten genau gegenüber um dieses Zentrum bewegte. Diese Idee nahm übrigens 1966 der US-amerikanische Fantasy- und Science-Fiction-Autor John Norman, um seinen 33 Bände umfassenden Gor-Zyklus zu schreiben, von dem bis heute in deutscher Übersetzung 25 erschienen sind.

Der Mond als Spiegelbild der Erde

Andere Autoren der Antike griffen nicht so weit hinaus, sondern beschäftigten sich, was erdähnliche Welten und Leben auf ihnen betraf, mit den nahen Himmelskörpern wie Mond und Sonne, denn diese offenbarten dem beobachtenden bloßen Auge zumindest einige interessante Merkmale.

Das galt besonders für den Mond. Sein beleuchteter Teil zeigt helle und dunkle Gebiete, die zu entsprechenden Spekulationen und Erzählungen reizten. Bis zur Erfindung des Fernrohrs wurden sie als Wasserflächen angesehen, weshalb sie auch den lateinischen Namen „Mare"

erhielten, was „Meer" bedeutet. Die Gedankenspiele der damaligen Menschen fielen entsprechend aus. Der populärphilosophische Schriftsteller Plutarch (um 45–125 n. Chr.) ließ sich in einer sehr scharfsinnigen Schrift mit dem Titel „De facie in orbe lunae – Das Gesicht im Mond" über die Bewohnbarkeit unseres Trabanten aus, wandte sich jedoch dabei vor allem gegen die damals vorherrschende Ansicht, die dunklen Flecken auf der Mondscheibe seien eine Art Spiegelbild der irdischen Länder und Meere. Seiner Meinung nach stellte der Mond eine eigene Welt dar – allerdings etwas kleiner als unser Heimatgestirn.

Der erste utopische Roman

Ideen dieser Art wurden dann auch im Jahr 160 von dem Schriftsteller Lukian von Samosata (125–180 n. Chr.) aufgegriffen und zu einer satirischen Erzählung verarbeitet. Er lässt in seinen „Verae Historiae" („Wahre Geschichten") tapfere Seeleute mit ihrem Segelschiff durch einen Orkan zum Mond reisen, den sie nach sieben Tagen und Nächten erreichen. Dort geraten sie unter Soldaten, die auf riesigen dreiköpfigen Geiern reiten. Die Gestrandeten werden zu König Endymion geführt, der einen Angriff gegen die Sonne vorbereitet. Rund 60 Millionen Infanteristen und 130.000 Kavalleristen auf Geiern, Kohlvögeln und Riesenflöhen rücken in die lunaren Bereitstellungsräume ein. Auch Spinnen, von denen die „kleinste so groß wie die größte der Zykladeninseln" ist, sowie Knoblauchwerfer und andere moderne Waffen gehören zu diesem Heer.

Außerdem können die Reisenden von der Erde auch die Sitten und Gebräuche der Mondbewohner genau studieren. Besonders seltsam sind Geburt und Tod dieser Menschen: Sie treten ins Leben, indem sie aus der Wade eines anderen Mondbewohners entspringen, und verwandeln sich am Ende ihres Daseins in eine Rauchwolke. „Umweltschonend" ist auch, dass diese Wesen keinerlei Exkremente ausscheiden.

Beispiele wie das hier angeführte zeigen, wie sehr sich die Menschen der damaligen Zeit über extraterrestrische Welten und extraterrestrisches Leben bereits Gedanken machten – und sei es nur, um ihre Mitmenschen zu unterhalten. Lukians Geschichte gilt als der erste utopische Roman und sollte noch zahlreiche Nachahmer bis hin zur modernen Science-Fiction finden.

Aristoteles und das geozentrische Weltbild

Das seiner Zeit weit vorauseilende heliozentrische Weltbild des Aristarch stieß kaum auf Anerkennung, da es im Schatten der Arbeiten von Aristoteles (384–322 v. Chr.) und Claudius Ptolemäus (um 100–160 n. Chr.) stand: Die Erde ruht nach deren Ansicht in der Mitte des Weltalls und ist dessen absolutes Zentrum. In dieser Theorie war einfach kein Platz für Leben auf anderen Himmelskörpern.

Trotzdem flackerte die Idee anderer bewohnter Welten immer wieder auf. Und so konnte der römische Dichter Lukrez (97–55 v. Chr.) – ein begeisterter Anhänger Epikurs – in seinem Lehrgedicht „De rerum natura" („Über die Natur") schreiben:
„...Notwendig ist es, deutlich zu zeigen, dass auch andere Erden in anderen Welten bestehen. Mit verschiedenen Rassen von Menschen und Sippen von Tieren"

Claudius Ptolemäus in einem Gemälde aus dem Jahre 1584 in der Kleidung dieser Zeit mit einem typischen Beobachtungsinstrument. Er vertrat nachhaltig das geozentrische Weltbild.

Die Erde als Schemel Gottes

Dieses geozentrische Weltbild wurde nachhaltig von dem griechischen Mathematiker, Geograf, Astronom, Astrologe, Musiktheoretiker und Philosoph Claudius Ptolemäus vertreten. Sein 13 Bücher umfassendes Werk „Mathematike Syntaxis" („Mathematische Zusammenstellung") wurde von den Arabern in ihrer Sprache unter dem Titel „Almagest" übersetzt und vor dem Vergessen bewahrt. Es war für die Himmelskundler des Mittelalters aufgrund seiner großen Datensammlung das Standardwerk für die Beschreibung und Erklärung der astronomischen Phänomene. Da es die Erde ruhend und sozusagen als Schemel Gottes beschrieb, um den sich alles auf verschiedenen kristallenen Sphären

bewegte, wurde es von der christlichen Kirche als allein gültiges Weltbild gesehen. Es stimmte nämlich mit der Bibel bestens überein, nach deren Erzählung laut Josua, Gott Sonne und Mond stillstehen ließ.

Eine neue heliozentrische Sicht

Doch im 15. und 16. Jahrhundert wurde dieser Autoritätsglaube in der Wissenschaft langsam überwunden, und es begann sich zaghaft wieder ein freies, selbstständiges Nachdenken über die Erscheinungen der Natur durchzusetzen. Eine Folge dieses Aufbruchs war, dass auch neue Gedanken über die mögliche Bewohnbarkeit anderer Welten auftauchten.

Als einer ihrer ersten Verfechter in dieser Zeit gilt der deutsche Mathematiker, Philosoph und Theologe Kardinal Nicolaus Cusanus (1401–1464). In seinem Werk „De docta ignorantia" („Über die belehrte Unwissenheit") vertrat er

Künstlerische Darstellung des heliozentrischen Planetensystems aus dem Jahr 1661 mit den um diese Zeit bekannten Planeten und ihren Monden sowie dem Tierkreis.

Im Jahre 1609 veröffentlichte der deutsche Naturphilosoph, Mathematiker, Astronom, Astrologe und evangelische Theologe Johannes Kepler (1571–1630) in seiner „Astronomia nova" die ersten beiden Gesetze der Planetenbewegung. Er war durch Beobachtungen der Bewegung des Planeten Mars auf sie gekommen. Danach wandern die Planeten auf Ellipsen um die Sonne, wobei sie sich in Sonnennähe schneller als in Sonnenferne bewegen. Kepler sah den Mond ebenfalls als bewohnt an, und zwar von schlangenartigen Wesen. Er beschrieb ihn in seinem utopischen Roman „Somnium" („Traum") als Welt mit Flüssen, Bergen, Tälern, Städten und Burgen. Als Zeichen für die Existenz dieser Bauwerke sah er die riesigen Krater, die damals schon in den primitiven Fernrohren erkannt werden konnten.

die Meinung, dass auf keinem Gestirn das Leben ausgeschlossen werden könne.

Der italienische Priester, Dichter, Philosoph und Astronom Giordano Bruno (1548–1600) spann diesen Gedanken eines aus unzähligen Sternen bestehenden Universums weiter und war wie Cusanus von der weiten Verbreitung höheren und niederen Lebens überzeugt. Für seine Ansichten wurde er von der Inquisition der Ketzerei und Magie für schuldig befunden und vom Gouverneur von Rom zum Tod auf dem Scheiterhaufen verurteilt.

Die kopernikanische Wende

Doch das Umdenken in der Wissenschaft – und in unserem Fall in der Astronomie – war nicht mehr aufzuhalten: 1543 war das Werk von Nikolaus Kopernikus (1473–1543) „De revolutionibus orbium coelestium" („Über die Kreisbewegungen der Weltkörper") erschienen. In diesem Buch vertrat der Domherr zu Frauenburg, der in seiner Freizeit Astronomie und Mathematik betrieb, die Auffassung, nicht die Erde stehe im Mittelpunkt des Universums. Stattdessen bewege sie sich wie die anderen Planeten auf einer Kreisbahn um die Sonne.

Nikolaus Kopernikus auf einem Epitaph in der Johanniskirche in Thorn aus dem Jahre 1589, nach einem Selbstporträt. Der Domherr zu Frauenburg vertrat erneut das heliozentrische Planetensystem, das auf Aristarch von Samos zurückgeht. Doch Kopernikus konnte es durch die Erfindung des Buchdrucks breit publizieren.

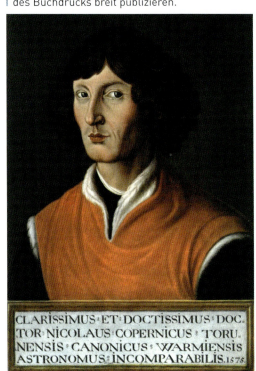

CLARISSIMUS ET DOCTISSIMUS DOCTOR NICOLAUS COPERNICUS TORUNENSIS CANONICUS WARMIENSIS ASTRONOMUS INCOMPARABILIS. 1576.

Das Fernrohr als neues Beobachtungsinstrument

Überhaupt war es die Erfindung des Fernrohrs, die von der technischen Seite her einen ähnlichen Umschwung in der Astronomie einleitete, wie es das heliozentrische Weltbild von der intellektuellen Seite her tat. Die Erfindung des bis heute wichtigsten Beobachtungsinstruments der Astronomie wird dem holländischen Brillenmacher Hans Lippershey (1570–1619) zugeschrieben. Der italienische Philosoph, Mathematiker, Physiker und Astronom Galileo Galilei (1564–1642) baute es mit Hilfe von Informationen, die er von Seeleuten erhalten hatte, nach und richtete es 1610 zum ersten Mal auf

Fern-sehen ist nicht alles

Das Lichtsammelvermögen ist nur eine Seite, die den Astronom an einem Fernrohr interessiert. Die andere ist, welch feine Strukturen ein Teleskop in der Lage ist, zu unterscheiden oder zwei dicht beieinanderstehende punktförmige Objekte zu trennen, beispielsweise die beiden Komponenten eines Doppelsternsystems oder einen Exoplaneten von seinem Zentralstern. Diese technische Fähigkeit wird als „Auflösung" oder „Trennschärfe" bezeichnet.

Das Auflösungsvermögen erdgebundener Teleskope wird meist durch die in der Atmosphäre auftretenden Luftturbulenzen begrenzt, so dass eine Steigerung des Teleskopdurchmessers, wie sie in den letzten Jahrzehnten erfolgt ist und in Zukunft weiter fortschreiten wird, nicht automatisch zu einer besseren Auflösung führt. Um sie zu erreichen, werden besondere Techniken angewandt wie die der adaptiven Optik. Dabei wird mit einem Laserstrahl ein künstlicher Stern in der Erdatmosphäre erzeugt und dessen „Zappeln" zur Korrektur des Teleskopbildes verwendet. Die vier 8,2-Meter-Spiegelfernrohre des Very Large Telescope (VLT) der ESO können diese Technik einsetzen. Eine weitere Möglichkeit ist die Kopplung dieser vier Teleskope zu einem einzigen; der resultierende Teleskopdurchmesser ergibt sich dann aus dem Abstand der einzelnen Teleskope. Theoretisch wäre es damit möglich, die auf dem Mond zurückgelassenen Unterstufen der Apollo-Landefähren auszumachen.

Das ursprünglich geplante 100-Meter-Spiegelteleskop der ESO, das OWL (Overwhelmingly Large Telescope), das aus technischen und finanziellen Gründen zugunsten eines „nur" 39 Meter durchmessenden E-ELT (European Extremely Large Telescope) verworfen wurde, hätte sogar einen Menschen auf dem Mond erkennen können. Einen ungestörten Blick ins Weltall hat das Hubble-Weltraumteleskop, allerdings ist es mit seinem 2,4 Meter durchmessenden Hauptspiegel kein besonders großes Fernrohr. Diese Fähigkeit der Detaildarstellung ist besonders für die Suche und den Nachweis von Exoplaneten wichtig, da diese im Verhältnis zu ihrem Mutterstern kleinen und dunklen Himmelskörper im Lichtschwall ihrer Zentralsterne untergehen.

Das Hubble-Weltraumteleskop kreist seit 1990 in der Erdumlaufbahn. In rund 560 Kilometer Höhe erlaubt dieses Spiegelfernrohr einen ungestörten und tiefen Blick ins All.

Linsen- und Spiegelteleskope

Trotz der gewaltigen Fortschritte im Instrumentenbau, die es während der vergangenen hundert Jahre gegeben hat – vor allem durch die Raumfahrt –, ist das Fernrohr das grundlegende Forschungsgerät geblieben. Je nachdem, wie Fernrohre das Licht sammeln, werden zwei Arten unterschieden, die fast zur gleichen Zeit erfunden wurden: das Linsenteleskop (Refraktor) und das Spiegelteleskop (Reflektor).

Beim Linsenfernrohr wird das Licht durch Linsen gebrochen (daher der Name „Refraktor") und zum Beobachter gelenkt, während beim Spiegelfernrohr das Licht von einem sphärischen oder parabolischen Hohlspiegel reflektiert wird. Beide Fernrohrtypen besitzen am Ende des gebündelten Lichtweges – Brennpunkt genannt – eine Linse, die das vom Teleskop gesammelte Licht vergrößert: das Okular. Beim Refraktor sitzt es immer am hinteren Ende des Rohres, beim Spiegelfernrohr je nach Bauweise ebenfalls am Ende oder seitlich am vorderen Teil. Außerdem erlaubt die besondere Bauweise des Reflektors, dass mit ihm nicht nur im sichtbaren Licht beobachtet werden kann, sondern auch der ultraviolette bis ferne Infrarot-Strahlungsbereich zugänglich ist. (Linsenteleskope brechen das Licht abhängig von dessen Farbe und weisen daher Farbfehler auf.)

Die das Licht sammelnde Fläche (Linse oder Spiegel) eines Fernrohrs heißt Objektiv. Sein Durchmesser entscheidet darüber, wie viel Licht ein Teleskop einfangen kann, welche schwächsten Objekte noch erfasst werden können. Wenn also von der Größe eines Fernrohrs die Rede ist, dann geht es immer um den Objektivdurchmesser und nie um die Länge. So ist das 68 Zentimeter durchmessende Linsenfernrohr der Archenhold-Sternwarte in Berlin-Treptow zwar nicht das größte – obwohl es immer als „Großer Refraktor" bezeichnet wird –, aber mit einer Rohrlänge von 21 Meter das längste Linsenfernrohr der Erde.

Das 21 Meter lange Linsenfernrohr der Archenhold-Sternwarte Berlin (oben) und die vier 8,2-Meter-Spiegelteleskope der ESO in Chile.

Da das Objektiv beim Refraktor wie ein Brillenglas befestigt ist und somit wie der Deckel eines Topfes auf dem Rohr oder Tubus liegt, ist der Objektivdurchmesser begrenzt. Je größer man die Linse formt, desto schwerer wird der Glasblock und umso leichter verformt er sich; die Abbildungsqualität sinkt erheblich. Diese Gefahr besteht beim Spiegel eines Reflektors nicht, weil er sich am Ende des Rohres befindet, wo er sozusagen den Boden bildet. So kann er durch entsprechende Stützkonstruktionen stabilisiert werden, und es sind viel größere Durchmesser möglich. Aus diesem Grund trat dann auch in der Forschung der Reflektor seinen Siegeszug an.

Bis Anfang der 1990er Jahre galten das Hale-Spiegelteleskop auf dem Mount Palomar (USA) mit 5 Meter und der Selentschukskaja-Reflektor im Kaukasus mit 6,1 Meter Durchmesser als die größten Spiegelteleskope der Erde. Diese Großteleskope wurden durch modernere Spiegelfernrohre abgelöst, wie das aus vier 8,2-Meter-Teleskopen bestehende VLT (Very Large Telescope) der Europäischen Südsternwarte auf dem 2635 Meter hohen Paranal in Chile, die zwei je 10 Meter großen Keck-Spiegelteleskope auf dem 4214 Meter hohen Mauna Kea auf Hawaii sowie das Gran Telescopio Canarias mit 10,4 Meter Spiegeldurchmesser auf der Kanareninsel La Palma.

Diese Zahlen verführen natürlich zu der Ansicht, dass man mit Fernrohren dieser Dimension besonders tief in den Weltraum hinausschauen kann. Und das ist auch richtig, denn je mehr Fläche zur Verfügung steht, um das einfallende Licht zu sammeln, desto schwächere Objekte können wahrgenommen werden. Es ist wie mit zwei Menschen, die mit verschieden großen Behältern Regenwasser einzufangen versuchen. Derjenige mit dem möglichst großen Eimer wird viel mehr sammeln als der mit einer Kaffeetasse.

Die nachfolgende Liste nennt die zurzeit arbeitenden Großteleskope und geplanten Riesenfernrohre:

Name des Teleskops	Durchmesser	Standort	Höhe ü. N.N.
Large Binocular Telescope (LBT)	2 x 8,4 m	Mount Graham, USA	3267 m
Gran Telescopio Canarias (GTC)	10,4 m	Roque de los Muchachos, La Palma, Spanien	2396 m
Keck I und II	je 10 m	Mauna-Kea-Observatorium, Hawaii, USA	4200 m
Southern African Large Telescope (SALT)	max. 10 m	Karoo-Hochebene, Südafrika	1760 m
Hobby-Eberly Telescope (HET)	9,2 m	McDonald-Observatorium, Davis Mountains, USA	1980 m
Subaru Telescope	8,2 m	Mauna-Kea-Observatorium, Hawaii, USA	4139 m
VLT 1–4	8,2 m	Paranal-Observatorium, Chile	2635 m
Gemini Northern Telescope	8,1 m	Mauna-Kea-Observatorium, Hawaii, USA	4139 m
Gemini Southern Telescope	8,1 m	Cerro Tololo Inter-American-Observatory, Cerro Pachón, Chile	2740 m
Geplante Riesenteleskope	**Durchmesser**	**Standort**	**Höhe ü. N.N.**
European Extremely Large Telescope (E-ELT)	39 m	Cerro Armazones, Chile	3060 m
Thirty Meter Telescope (TMT)	30 m	Mauna-Kea-Observatorium, Hawaii, USA	4139 m
Giant Magellan Telescope	7 Hauptspiegel von je 8,4 m	Las Campanas Observatory, Chile	2380 m

Zwei Fernrohre aus Galileis Besitz, die heute noch im Museum in Florenz zu bewundern sind. Die lateinische Tafel nennt seine wichtigsten Entdeckungen 1610: die Sonnenflecken, die Mondberge und die vier Jupitermonde.

den Himmel. Dabei entdeckte er beim Jupiter dessen vier hellsten Monde; das war für ihn der Beweis für die Richtigkeit des kopernikanischen Systems, wonach kleinere Himmelskörper um einen großen kreisen. Was die Bewohnbarkeit der Planeten anging, so schrieb er vor allem dem Mond Leben zu.

Auch Johannes Kepler, der 1619 das dritte Gesetz der Planetenbewegung formulierte – nämlich über das Verhältnis von Umlaufzeit und Distanz verschiedener Planeten zur Sonne – und der englische Naturforscher Isaac Newton (1643–1727) bauten dieses Instrument. Allerdings verwendete Newton als lichtsammelnde Fläche Spiegel aus Metall (1668). Da Metall jedoch einige Nachteile hat, wurden vorläufig vor allem Linsenteleskope benutzt, um die nahen Welten wie Sonne, Mond und Planeten intensiver zu erforschen. Doch reichte die Kraft dieser frühen Teleskope nicht aus, um auf den Planeten Details zu entdecken.

Das sollte sich erst in den beiden letzten Jahrzehnten des 18. Jahrhunderts ändern, als der aus Deutschland stammende englische Musiker und Astronom Wilhelm Herschel (1738–1822) seine großen Spiegelteleskope baute. Mit ihnen entdeckte er nicht nur den Planeten Uranus, sondern gewann auch bahnbrechende Informationen über die Welt der Sterne.

Das von Isaac Newton 1672 der Royal Society präsentierte Spiegelteleskop wurde nicht nur wegen seiner neuartigen Bauweise bewundert, sondern auch wegen der geringen Länge (30 Zentimeter).

Wilhelm Herschel baute nicht nur die besten Spiegelfernrohre seiner Zeit, sondern auch die größten Teleskope dieser Art, wie das 1789 in seiner Heimatstadt aufgestellte „40-Fuß-Gerät".

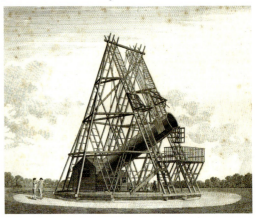

Radioteleskope

Das sichtbare Licht bildet nur ein Fenster im elektromagnetischen Spektrum, um den Himmel zu erforschen. Die zweite Möglichkeit öffnete sich den Astronomen durch die ab 1920 betriebenen Forschungen auf dem Radiowellen-Sektor. So nahm durch den Zweiten Weltkrieg die damals betriebene Entwicklung der Radartechnik ab den 1950er Jahren einen großen Aufschwung. Von ihm profitierten auch die Astronomen, und so begann ein neuer Forschungszweig dieser Wissenschaft: die Radioastronomie.

Sie ist das zweite wichtige Fenster und Standbein der bodengebundenen Himmelsforschung geworden, denn sie kann in Bereiche vordringen, die für die optische Astronomie nicht oder nur schwer zugänglich sind. Ihre inzwischen gewaltigen Antennen vermögen zwar keine Exoplaneten aufzuspüren – dazu sind diese Objekte zu weit entfernt und

Mit den Antennen der Radioteleskope wie die des Atacama Large Millimeter Array haben die Astronomen ein zweites Fenster zum All.

werden von der Strahlung ihres Muttergestirns überlagert –, aber sie können die Vorstufen der Planetenbildung erfassen: die Akkretionsscheiben und auch die großen Gas- und Staubwolken, das Baumaterial neuer Planetensysteme. Einige der größten Antennenanlagen sind:

Name	Durchmesser	Standort	Nation	Besonderheiten
Ratan 600	Reflektorplatten-kreis mit 576 m Durchmesser	Kaukasus	Russland	Unbeweglich, sehr gute Einzelauflösung
Arecibo-Observatorium	304,8 m	Puerto Rico	USA	Reflektor in schüssel-förmigem Tal
Atacama Large Millimeter Array (ALMA)	66 Antennen: 54 à 12 m 12 à 7 m	Atacama-Wüste, Chile	Europäische Südsternwarte	Einzelteleskope können als Ganzes ihren Standort wechseln
Giant Metrewave Radio Telescope (GMRT)	30 Antennen à 45 m	80 km nördl. Pune	Indien	Für Wellenlängen im Meterbereich
Very Large Array (VLA)	27 Einzelteleskope à 25 m	New Mexico	USA	Auf Y-förmigem Schie-nenstrang angeordnet
Radioteleskop Effelsberg	100 m	Effelsberg/ Eifel	Deutschland	29 Jahre größtes Radioteleskop der Erde
Robert C. Byrd Green Bank Telescope	100 x 110 m	National Radio Quiet Zone	USA	Zur Zeit größtes freibewegliches Radioteleskop der Welt
Jodrell-Bank-Radioobservatorium (JBO)	76 m	Cheshire	England	Ältestes Großteleskop

Utopische Romane

Nach dieser Erfindung wurden utopische Romane sehr modern. Sie spekulierten nicht nur weiter über das Leben auf dem Mond, sondern auch auf anderen Gestirnen. So geschah es in Cyrano de Bergeracs (1619–1655) Geschichte „Die Staaten und Reiche der Sonne", posthum erschienen 1662.

Den berühmtesten utopischen Roman, einen der größten Bestseller des ausgehenden 17. Jahrhunderts, verfasste der französische Schriftsteller Bernard de Fontenelle (1657–1757) im Jahre 1686 mit dem Titel: „Unterhaltungen über die

---

Spektrum und Spektralanalyse

Jeder hat schon einmal das farbige Band eines Regenbogens bewundert. Es entsteht, wenn Sonnenlicht durch die in der Luft schwebenden Wassertröpfchen gebrochen wird. Ähnliches geschieht, wenn Licht schräg auf eine Glaskante, zum Beispiel die eines Kristallgefäßes, trifft.

Das Regenbogenband aus den Farben Rot, Orange, Gelb, Grün, Blau, Indigo und Violett wird „Spektrum" genannt. Der englische Physiker Isaac Newton unternahm 1666 als Erster den Versuch, mit einem Glasprisma das Sonnenlicht in seine Spektralfarben zu zerlegen. Ab Ende des 19. Jahrhunderts wurden Geräte entwickelt, die das zerlegte Licht auf einen Empfänger leiten, früher auf eine Fotoplatte, heute auf einen CCD-Sensor; man nennt dies Spektroskop.

Als der deutsche Optiker Joseph von Fraunhofer 1814/15 dunkle Linien im Sonnenspektrum entdeckte und akribisch aufzeichnete, war die Spektroskopie erfunden. Allerdings konnte er den Ursprung der dunklen Linien nicht erklären. Das gelang erst Gustav Kirchhoff und Robert Bunsen 1858. Sie erhitzten verschiedene chemische Elemente mit einem Gasbrenner und zeichneten deren charakteristisches Licht auf. Daraus entstand die Spektralanalyse, mit deren Hilfe die Astrophysiker die Zusammensetzung von Sternen untersuchen. Sie führte auch zu einem neuen Gebiet der Astronomie, das heute den Hauptanteil der Himmelsforschung ausmacht: die Astrophysik.

Das Sonnen- oder Sternenlicht ist eine Farbmischung. Werden dort einzelne Elemente und ihre speziellen Farben verschluckt, erscheinen sie im Spektralband als dunkle Linien.

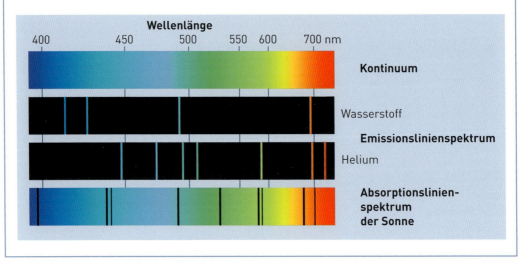

Wellenlänge
400   450   500   550   600   700 nm

Kontinuum

Wasserstoff

Emissionslinienspektrum

Helium

Absorptionslinien-spektrum der Sonne

Mehrzahl der Welten". Fontenelle wusste bereits, dass der Mond über keine Atmosphäre verfügt, und schloss daraus, dass es dort menschliches Leben nicht geben könne. Dagegen nahm er die Planeten als sämtlich bewohnt an, und zwar von Wesen, deren Charakter sich von der astrologischen Bedeutung des entsprechenden Wandelsternes ableitete. So waren die Geschöpfe auf Merkur zierlicher als auf der Erde; die Saturnbewohner träge und langsam; die Venusleute hätten ständig Liebesabenteuer zu bestehen, um nur einige Beispiele zu nennen.

Auch andere Astronomen und Geistesgrößen fühlten sich nun bemüßigt, über das Leben auf anderen Welten – und hier immer nur die bekannten des Sonnensystems – nachzudenken (oder besser: zu spekulieren) und entsprechende Bücher zu veröffentlichen. Darunter war der berühmte Astronom und Physiker Christian Huygens (1629–1695), der die Saturnringe entdeckt hatte und die Theorie des Lichtes als einer Wellenstrahlung verfocht; ferner der Königsberger Philosoph Immanuel Kant (1724–1804). Auch der deutsche Dichter Johann Wolfgang von Goethe (1749–1832) glaubte durchaus, Leben auf anderen Gestirnen annehmen zu dürfen. Allen blieb jedoch aus den schon genannten Gründen das Reich der Fixsterne verschlossen.

Auch in dem von Kurd Lasswitz 1897 verfassten utopischen Roman kommen wie bei H. G. Wells die Außerirdischen vom Mars.

Von der Wissenschaft zur Science-Fiction

Die Situation änderte sich erst in der Mitte des 19. Jahrhunderts, als die Fernrohre immer leistungsfähiger wurden und die Spektralanalyse oder Spektroskopie durch die deutschen Chemiker Gustav Robert Kirchhoff (1824–1887) und Robert Wilhelm Bunsen (1811–1899) erfunden wurde.

Nun entdeckten die Astronomen immer mehr Einzelheiten auf den Planeten und konnten auch das Licht der Sterne untersuchen. Es entstand nicht nur die Astrophysik als neuer Zweig der Astronomie, sondern durch den wissenschaftlich-technischen Fortschritt im Zuge der industriellen Revolution auch eine neue Gattung der Literatur: die Science-Fiction.

Als ihre bekanntesten Vertreter gelten der französische Schriftsteller Jules Verne (1828–1905) und der englische Autor Herbert George Wells (1866–1946), denen sich im deutschsprachigen Raum Kurd Lasswitz (1848–1910) zugesellte. Während Jules Verne in seinen Romanen das Thema „außerirdische Welten und Leben" nicht in den Mittelpunkt der Handlung stellte, wurde es bei Wells und Lasswitz zur Grundlage spannender Geschichten.

Hier stand der Planet Mars im Mittelpunkt, auf dessen Oberfläche der italienische Astronom Giovanni Schiaparelli (1835–1910) im Jahre 1877 zarte dunkle Linien entdeckt zu haben glaubte, die er in seiner Sprache als „canali" bezeichnete. Von den damaligen Medien wurden sie nicht korrekt als „Kanäle" bezeichnet, und in der Folge

Angriff der Marsianer

Wie sehr die Menschen bereit waren, intelligente Außerirdische als Realität zu nehmen, zeigten die Ereignisse um ein Hörspiel, das der Journalist Orson Welles (1915–1985) am 30. Oktober 1938, dem Abend vor Halloween, vom US-amerikanischen Radiosender CBS ausstrahlen ließ. In Form einer fiktiven Rundfunkreportage schilderte es einen Angriff der Marsianer auf die Ostküste der USA.

Als Vorlage diente der 1898 erschienene Roman des britischen Science-Fiction-Autors H. G. Wells „Krieg der Welten": Hier greifen die Marsianer, nachdem sie mit raketenähnlichen Geschossen auf der Erde gelandet sind, mit dreibeinigen Kampfmaschinen das Vereinigte Königreich an, um von hier aus die an Wasser und Rohstoffen reiche Erde zu erobern. Der Grund für die marsianische Invasion ist, dass der Mars immer mehr austrocknet und in der Zukunft keine Lebensmöglichkeiten mehr bieten wird – selbst für die Hochzivilisation seiner Bewohner nicht.

Das irdische Militär hat den überlegenen Waffen der Marsianer nichts entgegenzusetzen und muss hilflos zusehen, wie eine Stadt nach der anderen zerstört wird. Erst als die Erde fast zu einer globalen Trümmerwüste geworden ist, kommt unerwartet Hilfe. Es sind die irdischen Bakterien, mit denen sich die Marsianer während ihres Kriegszuges infizieren, und die den Außerirdischen wegen ihres nicht angepassten Immunsystems den Tod bringen.

Laut damaliger Zeitungsberichte soll es noch während der Ausstrahlung des Hörspiels zu einer Massenpanik bei der Bevölkerung von New York und New Jersey gekommen sein. Viele glaubten, eine authentische Reportage zu hören und befürchteten tatsächlich einen Angriff Außerirdischer. Um diese dramatische Wirkung zu erreichen, hatte Welles zu einem raffinierten Trick gegriffen: Er hatte eine neue Art der Einspielung benutzt. Ihre Originalität bestand dar-

In H. G. Wells' Roman „Krieg der Welten" setzen die Marsianer riesige dreibeinige Kampfmaschinen mit Hitzestrahlen ein, um die Erde für sich als zukünftigen Lebensraum zu erobern, und vernichten fast die menschliche Zivilisation.

in, dass Welles das Hörspiel einen Tag vorher aufgenommen und mit Musik hatte unterlegen lassen. Auf diese Weise wurde dem Hörer vorgegaukelt, es mit einem normalen Radioprogramm zu tun zu haben, wo der Moderator ab und zu unterbricht, um die neuesten Nachrichten über die Invasion und den Abwehrkampf zu verbreiten.

Doch den Berichten über die angebliche Panik ist sehr mit Vorsicht zu begegnen, denn die neuere kommunikationswissenschaftliche Forschungsliteratur zweifelt die vor allem von der Boulevardzeitung „York Daily News" beschriebene kopflose Hysterie stark an. Auch eine Telefonumfrage während des Hörspiels ergab, dass die Sendung eine Einschaltquote von gerade einmal zwei Prozent erreichte, was rund sechs Millionen Hörern entsprach. Von ihnen sollen nur wenige (28 Prozent) auf das Hörspiel hereingefallen sein.

Zwar riefen mehr Hörer als sonst im Sender CBS an, aber die Berichte über Selbstmorde oder auch nur die Behandlung von Schockpatienten ließen sich nicht bestätigen. Und bei denjenigen, die mit Angst und Panik auf die Sendung reagierten, spielte ein anderes psychologisches Moment wohl mit eine Rolle: In

"HUGE BLACK SHAPES GROTESQUE AND STRANGE"

So sah der Illustrator des Romans „Krieg der Welten" die Raumfahrzeuge der Marsianer, mit denen sie zur Erde gelangten. Sie erinnern fast an die Fliegenden Untertassen, die viele Menschen in den 1950er und 1960er Jahren meinten, weltweit gesichtet zu haben.

Titelcover des von dem Engländer H. G. Wells verfassten Romans „Krieg der Welten", dessen Geschichte einer außerirdischen Invasion Vorbild für viele spätere SF-Romane wurde, und auch heute noch entsprechende Befürchtungen schürt.

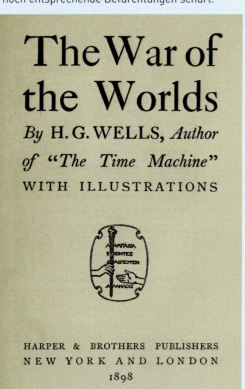

The War of the Worlds

By H. G. WELLS, *Author*
of "The Time Machine"

WITH ILLUSTRATIONS

HARPER & BROTHERS PUBLISHERS
NEW YORK AND LONDON
1898

Deutschland waren die Nazis an der Macht und hatten mit der Sudetenkrise einen Monat zuvor Europa fast an den Rand des Krieges getrieben. Und es bestand wegen dieser labilen Lage die nicht ganz auszuschließende Gefahr eines Angriffs auf die USA.

Eine ähnliche Situation ergab sich in den 1950er Jahren bis zum Ende der 1960er Jahre, als der Kalte Krieg zwischen den USA und der damaligen Sowjetunion und der mit ihnen verbündeten Staaten herrschte. Berichte über Sichtungen und Landungen außerirdischer Raumschiffe sowie Science-Fiction-Literatur und -Filme über Begegnungen – meist kriegerischer Art – hatten nicht ohne Grund in dieser Zeit wieder Hochkonjunktur.

Und noch für lange Zeit nach dem Welles'schen Hörspiel wurden Rundfunksendungen, oder dann Fernsehfilme, bei denen die Gefahr bestand, dass ihre fiktiven Geschichten für reale Berichte gehalten wurden, mit dem Hinweis versehen, dass hier nicht über ein tatsächliches, sondern nur fiktives Ereignis berichtet wird.

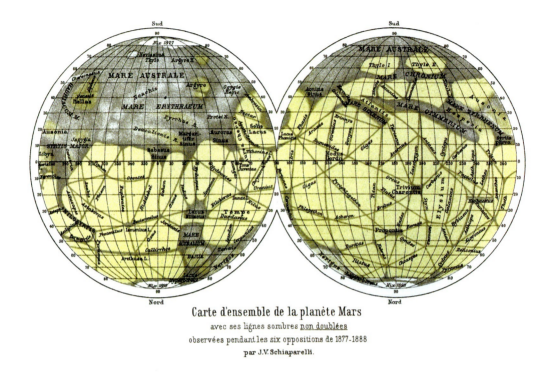

Carte d'ensemble de la planète Mars
avec ses lignes sombres non doublées
observées pendant les six oppositions de 1877-1888
par J.V. Schiaparelli.

| Marshemisphären mit den sogenannten Kanälen, die Schiaparelli glaubte gesehen zu haben.

entstand das irreführende Bild eines Wüstenplaneten, der von einer hochentwickelten Zivilisation besiedelt sein soll.

Die Marsbewohner kämpften durch den Bau eines den roten Planeten umspannenden Kanalnetzes ums Überleben. Bei Wells starteten sie in seinem 1898 veröffentlichten Roman „Krieg der Welten" eine Invasion der Erde. Dagegen wollten die Lasswitz'schen Marsianer in dem 1897 erschienenen Roman „Auf zwei Planeten" die kriegerische Menschheit auf ein höheres kulturelles und zivilisatorisches Niveau heben – notfalls mit Gewalt. Beide Bücher mit ihren Handlungsmustern wurden Vorbild für viele später erschienene Science-Fiction-Romane.

Abenteuer jenseits des Sonnensystems

Sofern die Handlung das Thema „Raumfahrt der Zukunft" behandelte, beschränkten sich die Au-

toren nicht mehr allein auf die Welten des Sonnensystems, bei deren Beschreibung sie zumeist die Erkenntnisse der Planetenforschung ihrer Zeit verarbeiteten. Sie ließen ihre Protagonisten auch auf Planeten bei anderen Sternen agieren, denn die Handlung allein im interstellaren Raum anzusiedeln, wäre auf Dauer gesehen zu langweilig gewesen. Außerdem hatte die Erforschung der Sterne und damit der Milchstraße sowie der anderen Galaxien inzwischen gewaltige Fortschritte gemacht; und die sich abzeichnende Raumfahrt Ende der 1950er Jahre mit dem Wettrennen zum Mond verlieh der Science-Fiction einen weiteren Schub.

Für die Science-Fiction waren deshalb andere Sonnensysteme und extraterrestrische Planeten etwas ganz Normales. Ebenso normal war es, dass die meisten der erdachten Welten erdähnlich und bewohnt waren. Beim Entwurf der extrasolaren Welten richteten sich die Science-Fiction-Autoren nach den Planeten unseres Sonnensystems, und bei den erdähnlichen Planeten wiederum nach den verschiedenen Klima- und Vegetationszonen unserer Erde.

So reichte die Bandbreite der bei fernen Sonnen angenommenen Planeten von Dschungelwelten bis hin zu Wüstenwelten. Allerdings konnte über die dort herrschenden Verhältnisse nur spekuliert werden – entweder auf wissenschaftlicher Basis oder durch wüste Fantasie. Das hing immer vom wissenschaftlichen Background des jeweiligen Autors ab. Beispiele für Autoren, die ihre fremden Planetenwelten auf der Basis wissenschaftlicher Erkenntnisse entwarfen, sind Robert Anson Heinlein (1907–1988) und Isaac Asimov (1920–1992) oder Stanislaw Lem (1921–2006). Autoren, die ihrer Fantasie freien Lauf ließen, sind der schon an früherer Stelle genannte John Norman mit seinem auf einer Gegenerde spielenden Gor-Zyklus.

SF-Planeten, die Geschichte machten

Besonders zu erwähnen sind in diesem Zusammenhang der von Frank Herbert (1920–1986) verfasste siebenbändige Dune-Zyklus („Der Wüstenplanet"), wo ein mit dieser Oberflächenform bedeckter Planet namens Arrakis und das Leben dort bis ins letzte Detail beschrieben werden, sowie die von Brian W. Aldiss (*1925) verfasste Helliconia-Triologie mit den Bänden „Helliconia – Frühling" (1981), Helliconia – Sommer" (1983) und „Helliconia – Winter" (1985). Sie erzählt von einem Planet in einem Doppelsternsystem mit jahrhundertelangen Jahreszeiten, in deren Verlauf sich der Aufstieg und Fall von Zivilisationen

abspielt. Das Werk wurde mehrfach ausgezeichnet – auch deshalb, weil es eine Welt entwarf, über die die Exoplanetenforscher jetzt Beobachtungen und Überlegungen anstellen, wenn sie über Exoplaneten in einem Doppelsternsystem reden.

Science-Fiction in Deutschland

In Deutschland erlebte die Science-Fiction durch die Machtübernahme der Nazis und den anschließenden Zweiten Weltkrieg nicht nur einen Niedergang, sondern auch ein jahrelanges Aus, von dem sie sich erst in den 1950er Jahren langsam wieder zu erholen begann.

Dabei hatte sie es schwer, gegen die Übersetzungen und marktbeherrschenden US-amerikanischen SF-Stories anzukommen. Das ging soweit, dass deutsche SF-Autoren sich US-amerikanische Pseudonyme zulegten oder die Protagonisten einer deutschen SF-Reihe, die unter dem Namen „Utopia" lief, US-amerikanische Namen trugen, wie zum Beispiel Jim Parker oder Nick der Weltraumfahrer.

Ihre Heimat im Roman waren denn auch die USA, und das nicht ohne Grund. Denn die Vereinigten Staaten waren aus dem Zweiten Weltkrieg als Sieger hervorgegangen und hatten das höchste technologische Niveau.

Auch die deutschen Science-Fiction-Romane spielten zuerst auf den Welten des Sonnensystems, die wiederum nach dem aktuellen Stand der Planetenforschung beschrieben wurden. Dabei propagierten sie, was beispielsweise die Oberfläche der Venus betraf, immer noch das

Die Venusoberfläche, aufgenommen von der sowjetischen Raumsonde *Venera 13* nach ihrer Landung. Statt Dschungel gibt es nur durchglühtes Gestein.

Bild einer erdmittelalterlichen Wüsten- und vor allem Dschungelwelt, obwohl es von der damaligen Astronomie aufgrund dessen, was sie über die Wolkenhülle der Venus bereits in Erfahrung gebracht hatte, schon längst in Zweifel gezogen worden war. Dass die Autoren dennoch an diesem überkommenen Bild festhielten, hatte wahrscheinlich dramaturgische Gründe.

Perry Rhodan – eine bisher unendliche Geschichte

Das gilt auch für eine Serie, der man in „Fachkreisen" zu Beginn keine große Zukunft vorausgesagt hatte. Unter dem Titel „Perry Rhodan – Der Erbe des Universums" erschien am 8. September 1961 im damaligen Moewig-Verlag der erste Band mit

Sie atmen Methan

Zu den außergewöhnlichen Beispielen von exoterrestrischen Lebewesen gehören die sogenannten Maahks. Es sind Bewohner von Wasserstoff-Methan-Ammoniak-Welten mit einer Gravitation von 2,9 bis 3,1 g (Erde = 1 g) und einer Temperatur von 70 bis 100 Grad Celsius. Sie sind in der Andromedagalaxie angesiedelt und bewohnen jupiterähnliche Planeten. Das Erscheinungsbild dieses Volkes wird in der Perry-Rhodan-Enzyklopädie „Perrypedia" wie folgt beschrieben:

„Maahks erreichen eine Höhe von circa 2,20 m und eine Schulterbreite von circa 1,50 m. Ihre Haut ist von blassgrauen Schuppen bedeckt. Die beiden kurzen, kräftigen Beine haben vier Zehen. Die beiden tentakelförmigen Arme enden trichterförmig in sechs Fingern. Zwei der Finger sind zu Daumen ausgebildet.

Die Maahks haben keinen Hals; ihr Sichelkopf sitzt starr auf der Schulter. Er gleicht einem halbmondförmigen Wulst von einer Schulter zur anderen. Daher ist der Kopf bis zu 1,50 m breit und erreicht eine Höhe von circa 40 cm. Auf diesem schmalen Grat sitzen die vier runden, 6 cm durchmessenden, grün schillernden Augen. Jedes Auge hat je eine Schlitzpupille nach vorne und nach hinten. Dadurch besitzen die Maahks eine 360-Grad-Rundumsicht. Links und rechts am Rand des Sichelkopfes befinden sich bewegliche Riechorgane, zusätzlich zur Nase.

Der Mund befindet sich vorne an der Übergangsstelle zwischen Wulstkopf und

In der SF-Heftserie Perry Rhodan werden die „Maahks" als Bewohner von jupiterähnlichen Planeten beschrieben.

Rumpf. Er dient dem Sprechen und der Nahrungsaufnahme, ist 20 cm breit und weist sehr dünne, hornartige Lippen auf. Das Gebiss der Allesfresser wirkt raubtierartig. Knapp über der Oberlippe besitzen die Maahks zwei eng beieinanderliegende, senkrechte Nasenlöcher."

dem Titel: „Unternehmen Stardust", geschrieben von Karl-Herbert Scheer (1928–1991) und Clark Darlton, alias Walter Ernsting (1920–2005). Ihnen gesellten sich im Laufe der Zeit weitere Autoren hinzu, was sich bis heute nicht geändert hat.

Zum Inhalt: Der US-Space-Force-Pilot Major Perry Rhodan trifft zusammen mit seinen drei Begleitern bei der ersten Landung auf dem Mond im Jahre 1971 auf dessen Rückseite das havarierte Forschungsraumschiff einer außerirdischen Rasse. Mit deren Hilfe einigt er die kurz vor der Vernichtung durch einen atomaren Weltkrieg stehende Menschheit, um dann unter den Zivilisationen das „Solare Imperium" aufzubauen.

Die Terraner unter Perry Rhodans Führung kommen in den verschiedenen Handlungszyklen der Serie mit den verschiedensten Völkern, Zivilisationen und damit auch verschiedensten Welten in Kontakt. Deren Aussehen wird nach dem aktuellen Stand der astronomischen und biologischen Erkenntnisse beschrieben. Es reicht von humanoid über echsenähnlich bis hin zu ganz exotischen Formen wie Geistwesen. Ebenso ist die Spannbreite der beschriebenen Welten sehr groß, nämlich von erdähnlich bis jupiterähnlich – so wie die Astronomen heute die echten Exoplaneten klassifizieren.

Ein vielfältiger und zukunftsweisender SF-Kosmos

Der Interessierte trifft auf einen Kosmos, der dem realen in nichts nachsteht, und dem unsere Welt in vielem sogar noch hinterherhinkt. Das betrifft die zweite Erde und außerirdisches Leben generell. Und wenn sie denn in Zukunft einmal gefunden werden – wird sich die SF wieder als Vordenker und Inspirator erwiesen haben. Sie hat in der Vergangenheit manchem Astronom Anstoß gegeben, sich mit der Frage der Existenz von Exoplaneten ernsthaft zu beschäftigen und trotz aller Widerstände vonseiten der etablierten Teildisziplinen nicht davon abhalten lassen, sich auf die Suche nach diesen Welten zu begeben. Es war eine Suche, die letztlich erfolgreich war, wie im nächsten Kapitel gezeigt wird.

Der große Mond-Schwindel

Eine Serie von sechs Zeitungsartikeln, die 1835 in der *New York Sun* erschien, ging als „The Great Moon Hoax" in die Geschichte von Fälschungen im Journalismus ein. Darin behauptete Richard Adams Locke, Sir John Herschel habe Leben auf dem Mond entdeckt: Fledermausmenschen, die in einem Flusstal am Fuße eines Berges leben. Die Schilderungen waren so eindrucksvoll, dass die Öffentlichkeit sie für bare Münze nahm und das Blatt mit 19.360 Exemplaren seine Auflage sensationell steigern konnte.

Fazit

Die Geschichte der Exoplanetensuche ist wie die aller anderen naturwissenschaftlich-technischen Erkenntnisse eine Geschichte der Fragen, des Nachdenkens und Spekulierens. Denn ein sicherer Nachweis scheiterte einfach daran, dass die Gestirne wegen ihrer großen Entfernung nicht zu erreichen sind und sich im Gegensatz zu vielen Objekten irdischer Natur einer direkten Untersuchung entziehen. Daran änderte auch die Erfindung des Fernrohrs nichts. Zumindest erweiterte es unsere Erkenntnisse über Welten des Sonnensystems.

So wurde das Thema „Andere Planeten und ihre Bewohner" nicht nur in der Philosophie und der Astronomie, sondern auch in der Literatur behandelt, und zwar in utopischen Geschichten aller Art. Sie mündeten ab den letzten zwei Jahrzehnten des 19. Jahrhunderts in die neue Literaturgattung Science-Fiction. Diese gilt bis heute als Hort für Spekulationen – zwar auf wissenschaftlicher Grundlage, aber nicht ohne eine gehörige Portion Fantasie.

Und die Fantasie eilt der Wirklichkeit immer ein ganzes Stück voraus. Planeten bei anderen Sonnen haben die Astronomen inzwischen entdeckt. Doch sind die zweite Erde und außerirdisches Leben bei den bisher entdeckten Exoplaneten noch nicht darunter.

2 | EIN NEUER HIMMEL

Die kurze Geschichte der ersten Exoplanetenentdeckung

Die Geschichte kennt zahlreiche Daten oder Ereignisse, die eine besondere Bedeutung für den Fortschritt der Menschheit haben. In der Astronomie zählen dazu das Werk von Nikolaus Kopernikus, das zu einem neuen Weltbild führte, und die Einführung des Fernrohrs als Beobachtungsinstrument. Ein weiterer Meilenstein ist jenes Ereignis, das im Jahre 1995 stattfand: Damals verkündeten die Schweizer Astronomen Michel Mayor und Didier Queloz der staunenden Öffentlichkeit, dass sie den ersten Exoplaneten entdeckt hatten.

| Eine wichtige Konferenz ...

Im Herbst 1995 war es wieder einmal soweit: Etwa 300 Sternspezialisten aus aller Welt reisten nach Florenz, wo der neunte Cambridge Workshop on Cool Stars, Stellar Systems and the Sun stattfand, kurz „Cool Star Meeting" genannt. Dieses renommierte Treffen wird alle zwei Jahre an wechselnden Orten abgehalten und versammelte in Florenz beispielsweise Experten, die über Magnetfelder der Sonne forschten oder sich für pulsierende Sterne interessierten.

Andere Teilnehmer waren Theoretiker, die aus Beobachtungsdaten Erklärungsmodelle der entdeckten und untersuchten Phänomene erstellen wollten. Im Rahmen dieser Konferenz wurde beispielsweise über Themen wie „Lithium, Rotation und Aktivität von jungen Sternhaufen" diskutiert und über „Sterne mit geringer Masse und Braune Zwerge".

Auch der Schweizer Astronom Michel Mayor (Jahrgang 1942), Professor am Departement für Astronomie der Universität Genf, war angereist. Er hatte in seinem Gepäck etwas Besonderes, von dem er meinte, dass diese Konferenz mit den hier versammelten Fachleuten genau der richtige Ort sei, es zu präsentieren.

| ... und eine bedeutsame Entdeckung

Dabei handelte es sich um eine Entdeckung, die Mayor gemeinsam mit seinem Assistenten Didier Queloz (Jahrgang 1966) nach rund einem Jahr unermüdlicher Beobachtung am 193-Zen-

Michel Mayor (links) und Didier Queloz, die beiden Entdecker des ersten wirklichen Exoplaneten 51 Pegasi b, vor dem Hintergrund der ESO-Sternwartenkuppeln auf La Silla/Chile.

timeter-Spiegelteleskop des Observatoire de Haute-Provence gemacht hatte, bis sie sich ihres Fundes ohne Zweifel sicher waren: Der sonnenähnliche Stern mit der Nummer 51 im Sternbild Pegasus – deshalb auch unter der Bezeichnung 51 Pegasi katalogisiert – wird von einem Planeten umkreist. Dieser Exoplanet ist eine über tausend Grad heiße Welt, etwa halb so schwer wie der größte Planet unseres Sonnensystems, der Gasriese Jupiter. Jedoch beträgt der Abstand von „51 Pegasi b" zu seinem Mutterstern mit 0,05 AE nur ein Zwanzigstel der Entfernung unserer Erde von der Sonne und braucht deshalb nur gute vier Tage für einen Umlauf.

Mayor wusste um die Bedeutungsschwere ihrer Entdeckung. Zum Leidwesen der ebenfalls versammelten Presse, die wie die Fachkollegen

© OHP/CNRS

Das große Spiegelteleskop der französischen Sternwarte Haute-Provence mit einem Spiegeldurchmesser von 1,93 Meter. Mit ihm entdeckten Mayor und Queloz den ersten Exoplaneten.

schon vorher davon Wind bekommen hatte, dass auf dieser Konferenz etwas Großes angekündigt werden sollte, konnte er allen Neugierigen nur Indizienbeweise präsentieren. Mayor hoffte daher, von der hier anwesenden Fachkompetenz ein fundiertes Urteil zu erhalten. Sollte ihm trotz mehrfacher Kontrolle ein Fehler unterlaufen sein, ihm trotz nächtelangem Studium der Fachliteratur etwas entgangen sein, würde er es nach dem Vortrag erfahren. Zwar glaubte er, dass ihr Indizienbeweis lückenlos war, aber restliche Zweifel blieben.

Zu schnelle Vorfreude

Mayor war nicht der erste, der es wagte, die Entdeckung eines extrasolaren Planeten bekannt zu geben. Immer wieder hatten Astronomen in der Vergangenheit geglaubt, mit ihren Beobachtungen sei ihnen der große Treffer gelungen, und die Science-Fiction, für die extrasolare Planeten und Lebewesen außer Frage standen, sei endlich Wirklichkeit geworden. In großer Hast hatte man schon voreilig Champagnerflaschen geöffnet, Pressekonferenzen einberufen und Interviews gegeben, um dann kurze Zeit später wieder alles dementieren zu müssen.

So war 1897 der US-amerikanische Astronom Thomas Jackson Jefferson See (1866–1962) mit der Meldung an die Öffentlichkeit getreten, gleich mehrere Planeten entdeckt zu haben. Von seinen Funden überzeugt, erklärte er in einem Artikel der Zeitschrift *Atlantic Monthly*: „wenn sich herausstellen sollte, dass es wirkliche dunkle Körper sind, die nur leuchten, indem sie das Licht der Sterne, die sie umkreisen, reflektieren, ...wir den ersten Fall von Planeten – dunklen Körpern – haben, die um Fixsterne entdeckt wurden." Eine andere vermeintliche Planetenentdeckung von ihm führte zu einem heftigen Streit und zu einem Publikationsverbot im *Astronomical Journal*.

Es war nicht der einzige Streitfall, was Entdeckungen vermeintlich extrasolarer Planeten anging. Zu groß war die Versuchung, auf diese Weise Berühmtheit zu erlangen und einen gewaltigen Sprung auf der Karriereleiter zu machen. Hinzu kam, dass keine allgemeingültige Definition darüber existierte, was ein Planet eigentlich sei, durch welche Eigenschaften er sich auszeichne. Das hat sich erst mit den im Jahre 2006 von der Internationalen Astronomischen Union festgelegten Kriterien für einen Planeten geändert. Bis dahin maßen die Astronomen mögliche neu entdeckte planetare Begleiter bei anderen Sternen nur anhand zweier Kriterien: „kreist um einen Stern" und „leuchtet nicht selbst". Ansonsten war es weitgehend der Fantasie der einzelnen Himmelsforscher überlassen, was sie als Planeten ansahen. Und so war es nicht weiter verwunderlich, dass viele den Begriff so weit auslegten, dass ihre Entdeckung noch als Planet durchging.

So konnte der Astronom Kaj Strand von der Sternwarte der US-Marine 1943 vermelden, einen Planeten beim Stern 61 Cygni (Sternbild Schwan) entdeckt zu haben, worauf das Nachrichtenmagazin *Time* schrieb: „Der erste klare Beweis der Existenz eines Planeten außerhalb des Sonnensystems ist nun von den Astronomen akzeptiert worden."

Widerspruch gegen diesen „klaren Beweis" kam daraufhin von dem angesehenen US-amerikanischen Astronom Henry Norris Russell (1877–1957) in der Zeitschrift *Scientific American*. Er billigte zwar den Entdeckern zu, die gefundenen Körper hätten das gute Recht, Planeten genannt zu werden, aber der neu entdeckte Himmelskörper könne „wenigstens als auf dem halben Weg zwischen Planet und Stern beschrieben werden." Ganz am Schluss seiner Darlegungen fragte Russell, „ob er (der Himmelskörper) wirklich Planet genannt werden sollte", und entschied mutig: Diese Diskussion „muss auf den nächsten Monat verschoben werden".

Die Masse als Maßstab

Als Kriterien für Exoplaneten konnten bis dato nur Vergleiche mit den Planeten unseres eigenen Sonnensystems herangezogen werden. Außerdem gab es über die neuen extrasolaren Planeten, deren Entdeckung einige Astronomen von Zeit zu Zeit immer wieder vermeldeten und die die Fantasie der Öffentlichkeit beflügelten, nur karge Informationen.

In den meisten Fällen entschied eine grobe Schätzung der Masse, die auch heute noch eines der Hauptkriterien bei der Beurteilung ist, ob es sich bei dem entdeckten extrasolaren Begleiter um einen Planeten oder massearmen Stern handelt. Besaß die planetare Neuentdeckung eine vergleichsweise geringe Masse, so konnte das Objekt unter dem Begriff „Planet bei einem anderen Stern" geführt werden.

Wie schwer darf also ein Planet höchstens sein, um noch als solcher zu gelten? Nehmen wir das Beispiel Jupiter. Er ist der größte Planet unseres Sonnensystems, besitzt aber nur ein Tausendstel der Sonnenmasse. Im Vergleich bringt es der Stern Krüger 60 B, der damals als kleinste bekannte Sonne galt, auf ein Siebtel der Son-

Was Astronomen über einen Exoplaneten erfahren wollen

Wenn es um die Charakterisierung eines aufgespürten Exoplaneten geht, wäre der Idealfall, man bekäme ohne allzu großen Aufwand die physikalisch-chemischen Zustandsgrößen heraus, wie wir sie von den Planeten und Monden unseres Sonnensystems kennen. Dort waren es vor allem die zahlreichen Raumsondenmissionen und ihre direkten Beobachtungen, die uns ein detaillierteres aber auch neues Bild dieser Zustandsgrößen vermittelten: Masse, Durchmesser, Sonnenabstand, Umlaufzeit, Rotationszeit, Achsenneigung, Zusammensetzung der Atmosphäre, klimatische Verhältnisse sowie Oberflächenbeschaffenheit.

Bei den Exoplaneten besteht diese Möglichkeit aufgrund der gewaltigen Entfernungen leider nicht. Deshalb muss versucht werden, so viele Informationen wie möglich auf indirektem Weg herauszufinden. Das geschieht zum einen durch die Beobachtung der Helligkeit des Exoplanetenzentralsterns während eines Transitereignisses (dem Vorbeiziehen eines dunkleren Begleiters vor der Scheibe des helleren Zentralsternes) und zum anderen durch die Analyse seines Spektrallichtes, und zwar ob und wie schnell sich die dunklen Absorptionslinien in Richtung auf den Beobachter hin oder von ihm weg verschieben, also in den blauen oder roten Bereich des Spektrums.

Im ersten Fall erhält man Auskunft über die Größe, im zweiten über die Masse und den Bahnverlauf. Weiterhin lässt sich die Entfernung des Exoplaneten zum Mutterstern feststellen. Aus Masse und Radius kann direkt auf die durchschnittliche Dichte geschlossen werden; und es steht fest, ob der entdeckte Planet ein Gasplanet wie Jupiter oder ein Gesteinsplanet wie Erde und Mars ist.

Barnards Pfeilstern

Diese kleine Sonne liegt im Sternbild Schlangenträger und ist mit rund 6 Lichtjahren Entfernung einer der sonnennächsten Sterne. Nur die drei Komponenten des Alpha-Centauri-Systems stehen in noch geringerer Distanz. Allerdings ist Barnards Stern ein roter Zwergstern des Spektraltyps M4. Trotz dieser kosmisch geringen Entfernung leuchtet er zu schwach, um ohne Teleskop oder gutes Fernglas beobachtet werden zu können.

Barnards Pfeilstern gilt in der Astronomie als sogenannter Schnellläufer, das heißt: Er weist die bislang größte bekannte Eigenbewegung auf, so dass sich seine Position am Himmel gegenüber den anderen Sternen vergleichsweise rasch verschiebt. In 180 Jahren bewegt er sich um einen Vollmonddurchmesser. Diese Eigenbewegung wurde 1916 von dem Astronom Edward Emerson Barnard (1857–1923) entdeckt. Bis dahin hatte Kapteyns Stern im südlichen Sternbild Pictor diesen Rang inne. Barnards Pfeilstern wird sich bis zum Jahr 11.800 unserer Sonne auf 3,8 Lichtjahren nähern und danach wieder entfernen. Auf unser Sonnensystem bezogen beträgt seine relative Geschwindigkeit etwa 140 Kilometer pro Sekunde. Gerade wegen dieser deutlichen Bewegung wurde Barnards Pfeilstern als idealer Kandidat für den Exoplanetennachweis auf indirektem Weg gesehen.

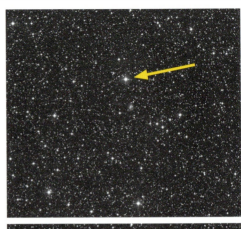

In rund 30 Jahren hat sich Barnards Stern gegenüber den anderen Sternen ein beträchtliches Stück am Himmel bewegt.

nenmasse, was 140 Jupitermassen entspricht. Irgendwo dazwischen zogen die Astronomen eine Grenze zwischen Planet und Stern. Sie unterlag einer ständigen Veränderung: Mal waren es nahe fünfzig Jupitermassen, dann zwischen zehn und zwanzig oder zwischen einer und neun. Bis heute ist darauf keine eindeutige Antwort gefunden, wo ein Stern von seiner Masse her aufhört, ein Stern zu sein und ein Planet beginnt.

Doch die Astronomen suchten unbeirrt weiter – auch wenn sich der von ihnen eingeschlagene Weg später als Irrtum erwies.

| Peter van de Kamps Irrtum

Ein tragisches Beispiel ist die Forschungsarbeit des holländisch-amerikanischen Astronom Peter van de Kamp (1901–1995). Seit 1937 arbeitete er als Direktor am Sproul Observatory des Swarthmore College. Dort begann er als Astrometrie-Spezialist, der sich mit der Messung und Berechnung von Gestirnspositionen und ihren Bewegungen in genau definierten Bezugssystemen befasste, um die Bewegung von Barnards Stern zu beobachten.

Van de Kamp berichtete 1963 auf einem Astronomentreffen in Tucson, Arizona, dass er periodische Schwankungen, sogenannte Wobbles, in der Eigenbewegung von Barnards Pfeilstern beobachtet hätte. Er führte diese Erscheinung auf einen oder zwei planetare Begleiter mit der Masse zurück, wie sie unsere Riesenplaneten Jupiter und Saturn aufweisen. Zum Beweis hatte van de Kamp 8260 Aufnahmen von Barnards Pfeilstern auf Glasplatten gemacht.

Zwar gab es durchaus Zweifel an dieser Deutung, aber es war zu schwierig, sie zu überprüfen, denn keine andere Sternwarte besaß in ihrem Archiv auch nur annähernd so viele Fotoplatten von Barnards Pfeilstern. So hielt sich die Theorie von Barnards Pfeilstern als Zentrum des ersten fundiert nachgewiesenen Exoplanetensystems bis in die 1980er Jahre. Sie trug nicht nur zu seiner allgemeinen Berühmtheit in der Science-Fiction-Gemeinde bei, sondern ließ ihn auch als aussichtsreichstes Ziel für Planungen einer interstellaren Raumsonde erscheinen.

Spätere Überprüfungen durch den US-amerikanischen Astronom George Gatewood mit einer präziseren Messmaschine als der von van de Kamp zeigten jedoch, dass die Ursache dieser Schwankungen auf systematische Instrumentenfehler zurückzuführen war. Am Sechzig-Zentimeter-Refraktorteleskop des Sproul-Observatoriums waren 1949 und 1957 Veränderungen vorgenommen worden, die sich auf die Qualität der Aufnahmen auswirkten.

Peter van de Kamp wollte das bis zu seinem Tod nicht wahrhaben. Gatewood schloss seine 1970 begonnene Arbeit über die Richtigkeit der van de Kamp'schen Forschungen 1974 mit einer Publikation im *Astronomical Journal* ab, die den Titel trug „Eine vergebliche Suche nach dem Planeten von Barnards Pfeilstern".

Wer also meldete, endlich einen extrasolaren Planeten nachgewiesen zu haben, musste damit rechnen, mit Hohn und Spott überschüttet zu werden, wenn der sensationelle Fund wieder im Dunkel des Universums verschwand. Um dem zuvor zu kommen, wurden viele Verlautbarungen mit der Vokabel „möglicherweise" und vielen Fragezeichen versehen und zumeist im Konjunktiv geschrieben.

Der 1983 gestartete Infrarotsatellit *IRAS* hat mit seinen 62 Detektoren den Himmel zu 96 Prozent im infraroten Licht durchmustert und fand über 300.000 Infrarotquellen.

Bald wussten die Astronomen selbst nicht mehr genau, ob der erste Planet außerhalb unseres Sonnensystems schon gefunden war oder nicht und winkten genervt ab, wenn Meldungen dieser Art wieder die Runde machten. Die Beweislage war einfach zu dürftig; keine Entdeckung hielt einer näheren Prüfung stand.

Zu kalt für optische Teleskope

Dennoch gab es einen Hoffnungsschimmer, irgendwann fündig zu werden – durch die Forschungsergebnisse der 1983 gestarteten Satellitenmission *IRAS* (Infrared Astronomical Satellite) sowie des 1990 in den Orbit gebrachten Weltraumteleskops Hubble. Die Aufgabe des im infraroten Bereich des elektromagnetischen Spektrums arbeitenden Forschungssatelliten war es, all jene Objekte aufzuspüren, die vorwiegend im Bereich dieser Wärmestrahlung strahlen.

Objekte, die im Infrarot leuchten, sind einfach zu „kalt", um sie im normalen Licht zu sehen. Dazu zählen junge, von dichten Staubhüllen umgebene Sterne, die oft Jets aus heißem Gas ausstoßen; Staubfilamente im Raum zwischen den Sternen unserer Milchstraße; dann rote Riesensterne mit sehr niedrigen Temperaturen. Hinzu kommen in den tieferen Bereichen des

Das elektromagnetische Spektrum

Das Licht, wie wir es in seinen verschiedenen Farben mit unseren Augen wahrnehmen können, ist nur ein schmaler Teil eines Strahlungsbandes, das als „elektromagnetisches Spektrum" bezeichnet wird. Es umfasst neben dem Licht weitere Strahlungsarten, von denen die überwiegende Zahl den Erdboden abgeschwächt oder gar nicht erreicht, denn unsere Atmosphäre wirkt hier als Schutzschild.

Zu diesen ferngehaltenen Strahlen zählen die Gammastrahlen, die beispielsweise bei Atombombenexplosionen freigesetzt werden, und die Röntgenstrahlen, die unter anderem zur Diagnose in der Medizin zur Anwendung

kommen. Die Ultraviolett- und Infrarotstrahlen erreichen uns geschwächt und sind nur in großen Höhenlagen deutlich spürbar. Dagegen ist die Radiostrahlung die zweite Strahlung, die bis zum Erdboden vordringt. Neben dem Licht gilt sie deshalb als zweiter wichtiger Beobachtungsbereich für die bodengebundene Astronomie, weshalb die Physiker auch vom „optischen" und vom „Radiofenster" sprechen.

Das elektromagnetische Spektrum in seiner gesamten Bandbreite mit den verschiedenen Wellenlängen und Wahrnehmungsmöglichkeiten.

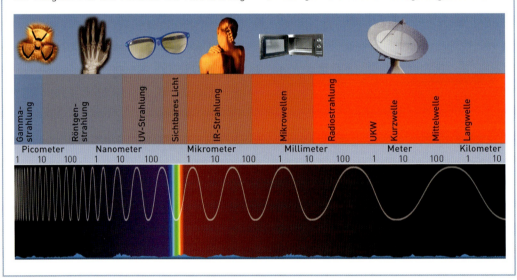

Weltalls Galaxien, die mehr Wärmestrahlung als Licht aussenden – die sogenannten Infrarot- oder Starburst-Galaxien. Schließlich ist auch die Reststrahlung des Urknalls im fernen Infrarot zu sehen.

Auf der Erde werden Beobachtungen in diesem Spektralbereich durch die Atmosphäre stark erschwert. Sie enthält Kohlendioxid und Wasserdampf, durch die der größte Teil der Infrarotstrahlung aus dem Weltraum absorbiert wird, so dass nur sehr wenig davon bis auf Meereshö-

he vordringt. Allerdings erreichen einige der kürzeren und längeren Infrarot-Wellenlängenbereiche immerhin noch die Gipfel hoher Berge, weshalb auf ihnen Infrarotteleskope errichtet wurden.

Doch die besten Ergebnisse liefern Beobachtungsinstrumente auf Satelliten in der Erdumlaufbahn. Das ist zwar teuer, lohnt sich aber, wie der Satellit *IRAS* zeigte. Während seiner Mission entdeckte das mit 62 Detektoren ausgestattete Satellitenobservatorium (entwickelt von den

USA, Großbritannien und den Niederlanden) über 300.000 kosmische Infrarotquellen. Um die eigene Infrarotstrahlung zu absorbieren, wurde dieses Weltraumobservatorium mit flüssigem Helium gekühlt. *IRAS* hat den Himmel zu 96 Prozent im Infrarotbereich durchmustert, und seine Daten sind noch heute ein wichtiges Hilfsmittel der Astronomie.

Sterne mit Staubscheiben

Unter diesen Quellen befand sich eine, die die Planetenforscher und später die Exoplanetenjäger mit großer Aufmerksamkeit betrachteten, war sie doch ein Anzeichen für das Entstehen von Planeten. Entdeckt wurde sie per Zufall im Sommer 1983, als Astronomen der NASA und des Kitt-Peak-Observatoriums den Satelliten *IRAS* auf den Stern Wega im Sternbild Leier richteten, um seine Sensoren zu eichen. Dabei machten die beteiligten Wissenschaftler die seltsame Feststellung, dass Wega zwar im sichtbaren Licht die vorausgesagte Lichtmenge abstrahlt, aber im Infraroten sechzehnmal stärker leuchtet als erwartet. Berechnungen ergaben, dass eine Gas- und Staubscheibe dieses Phänomen verursacht, die etwa einen Raum von der doppelten Größe unseres Sonnensystems einnimmt.

Die beiden Fotos zeigen die 1983 mit dem Infrarotsatelliten *IRAS* entdeckte Staubscheibe um Beta Pictoris, den zweithellsten Stern im südlichen Sternbild Maler, aus verschiedenen Perspektiven. Die Staubscheibe – nur durch Abblenden des Zentralsternes sichtbar – weist einen Radius von 400 Astronomischen Einheiten auf und wird als Vorstufe der Planetenbildung angesehen.

Eine sich weit erstreckende Staubscheibe umgibt den Stern Fomalhaut. In ihr befindet sich auf dieser Aufnahme des Weltraumteleskops Hubble ein ausgeprägter Staubring. Der Stern selbst ist durch eine Maske abgedeckt, um die überstrahlte Umgebung sichtbar zu machen.

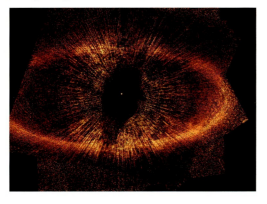

Aus einem ähnlichen Gebilde waren auch die Planeten unseres Sonnensystems entstanden – so besagte es jedenfalls das allgemein gültige Standardmodell. Wenn also andere Sterne von solchen Scheiben umgeben waren, musste es auch Planeten bei anderen Sternen geben.

Und *IRAS* entdeckte in der Folgezeit noch bei vielen anderen Sternen starke Infrarotstrahlung, die auf Staubscheiben und die sich in ihnen abspielenden Verklumpungsprozesse zurückzuführen war. Als es dann noch gelang, beim Stern Beta Pictoris mit Hilfe eines Koronografen – durch Abblenden des Sterns – diese Staubscheibe als Bild sichtbar zu machen, gab das der Hoffnung Auftrieb, bald auch jene Objekte aufzuspüren, die aus einer solchen Geburtsstätte hervorgingen: die Exoplaneten. Tatsächlich wurde bei Beta Pictoris 2009 ein Exoplanet entdeckt.

Aktive und adaptive Optik

Je größer der Durchmesser des Teleskopspiegels ist, desto leistungsfähiger ist das Instrument. Doch mit zunehmendem Durchmesser leidet der Spiegel unter seinem Eigengewicht, und das Schwenken des Instruments beeinflusst die Spiegelkrümmung, was sich negativ auf die Abbildungsqualität auswirkt. Statt immer dickere und damit steifere Spiegel zu bauen, setzt man heutzutage auf möglichst dünne Spiegel aus der Glaskeramik Zerodur. Zur perfekten Formgebung des Spiegels wird er auf hydraulischen Stellgliedern gelagert, den sogenannten Aktuatoren. Deren Aufgabe ist es, die Spiegelform nach Anweisung eines Computers, der Ist- und Sollform des Spiegel vergleicht, zu korrigieren. Diese Spiegelkorrekturtechnik wurde zuerst beim New Technology Telescope der ESO eingesetzt und ist auch Bestandteil der beiden amerikanischen Keck-Teleskope, der vier Spiegel des Very Large Telescope (VLT), des Large Binocular Telescope (LBT) sowie des Gran Telescopio Canarias.

Während es also bei der aktiven Optik darum geht, mechanische Einflüsse des Teleskops auszugleichen, werden durch die adaptive Optik

Aus der „Kuppel" eines der vier 8,2-Meter-Teleskope der ESO schießt ein Laserstrahl in den Himmel. Er erzeugt einen künstlichen Kontrollstern für die adaptive Optik.

Die sogenannten Aktuatoren (bewegliche Stempel) unter dem Hauptspiegel eines Teleskops korrigieren seine Form. Sie sind das Schlüsselelement der aktiven Optik.

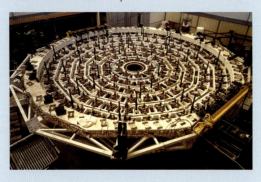

die in der Atmosphäre auftretenden Temperaturschwankungen und Luftbewegungen – das Flimmern der Sterne – vermindert. Wie stark dieses Ausgleichen zu sein hat, wird durch Vermessen eines Kontrollsterns oder durch einen mittels Laser künstlich erzeugten Sterns bestimmt. Ein im Teleskop montiertes optisches System, verbunden mit einem Computer, erfasst das Ausmaß der atmosphärischen Störungen einige hundert Mal pro Sekunde und korrigiert diese. Dadurch entsteht ein sehr scharfes Bild des kosmischen Objekts, wie es sonst nur von Weltraumteleskopen wie Hubble empfangen werden kann.

Nur ein Pulsarbegleiter

Das schien 1992 dem polnischen Astronom Aleksander Wolszczan und seinem kanadischen Kollegen Dale Frail gelungen zu sein. Sie gaben den von vielen Falschmeldungen längst abgehärteten Kollegen die Entdeckung von mindestens zwei Planeten bekannt.

Leider hatte diese Entdeckung einen Schönheitsfehler: Die aufgespürten Körper kreisen nicht um einen Stern mit ähnlichen physikalischen Eigenschaften wie unsere Sonne, sondern um einen sogenannten Pulsar. Pulsare sind extrem dichte Körper, die fast nur aus Neutronen bestehen und daher auch als Neutronensterne bezeichnet werden. Dieser schnell rotierende Sterntyp sendet Strahlung im Radiobereich aus, die uns wie der Scheinwerferkegel eines Leuchtturms trifft. In dem neu entdeckten Planetensystem überschüttet dieser seltsame Stern den ihn umlaufenden Begleiter mit dieser Strahlung, was von den Empfangsgeräten auf der Erde auch entsprechend registriert wurde.

Ein Neutronenstern ist das Resultat einer Supernovaexplosion, in der ein vormals sehr massereicher Stern sein Ende findet. Und so stellte sich sofort die Frage, wie aus solch einem Ereignis Planeten in der Umlaufbahn des Pulsars entstehen konnten: Existierten sie schon vor der Supernova in diesem Orbit – wenn ja, wie haben sie dieses stellare Vernichtungsinferno überstanden? Wurden sie vielleicht aus den Trümmern dieser Sternexplosion geboren, oder wurden sie von dem Pulsar „eingefangen"? Mit Planeten und einem Sonnensystem, wie wir es kennen, hatte das nicht viel zu tun, weshalb die Resonanz auf diese Meldung recht verhalten war.

Ein großer Sprung

Auf der anderen Seite machte Frails und Wolszczans Entdeckung der Gemeinde der Exoplanetenjäger Mut und befeuerte ihren Enthusiasmus. Denn wenn schon ein so exotischer Stern Planeten besaß, dann musste es sie es erst recht bei ruhigeren Sternen geben und hier wieder bei Sternen ähnlich unserer Sonne. Und von ihr war

bekannt, dass sie von neun Planeten umkreist wird (1992 wurde der heutige Zwergplanet Pluto noch mit zu den „ordentlichen" Planeten gezählt), von denen sich auf einem mit Namen „Erde" höheres Leben entwickelt hatte. Entsprechende Hochrechnungen führten allein in unserer Galaxis zu Milliarden erdähnlicher Planeten. Waren bis dahin jene Astronomen, die sich mit der Suche nach Planeten bei anderen Sternen beschäftigten, von den übrigen Kollegen als Exoten angesehen, die sie lächelnd duldeten und die verzweifelt um Forschungsgelder kämpfen mussten, so wendete sich quasi über Nacht das Blatt: Plötzlich stand die Suche nach Exoplaneten weltweit auf der wissenschaftlichen Agenda, ja es wurde gleichsam zur Jagd auf sie geblasen.

Weltraumagenturen wie NASA, Roscosmos und ESA begannen, spezielle Satellitenobservatorien für die Exoplanetensuche zu entwickeln. Für erdgebundene Observatorien überlegten sich Forscher und Ingenieure, welche technischen Möglichkeiten und Methoden zur Verfügung stehen, diese bis dahin verborgenen Welten bei fernen Sonnen nachzuweisen. Denn für die Exoplanetenbeobachtung vom Erdboden aus ist die Atmosphäre, da sie das Bild von Sternen zu verzerren pflegt, ein großes Hindernis. Diesem Problem begegnete man in der Folgezeit durch die Entwicklung der aktiven und adaptiven Optik. Zusammen mit dem Bau von Großteleskopen mit acht bis zehn Meter Durchmesser sowie dem Einsatz hochauflösender Spektrografen bescherten diese technischen Neuerungen den Exoplanetenjägern reiche Beute an „echten" Exoplaneten.

Michel Mayor und Didier Queloz waren, was die Exoplanetenjagd anging, erst spät in dieses Rennen eingestiegen. Ihr eigentliches Interessengebiet war die Entdeckung von Doppelsternen, und hier die Erforschung sogenannter Brauner Zwerge.

Doppelsterne

Doppelsterne zeichnen sich dadurch aus, dass zwei Sterne einander umkreisen. Einige kann man im Fernrohr als Sternpaar beobachten.

Albireo, der Kopfstern im Sternbild Schwan (360 Lj von der Erde entfernt), ist einer der bekanntesten Doppelsterne, die im Fernrohr beobachtet werden können. Ein orangeroter Überriese wird von einem heißen blauen Stern begleitet.

Hat ein Stern einen weniger hellen oder gar unsichtbaren Begleiter, so macht sich dessen Umlauf durch die Verschiebung der dunklen Absorptionslinien im Sternspektrum in den blauen oder roten Bereich bemerkbar (der sogenannte Dopplereffekt); hier an drei Positionen dargestellt.

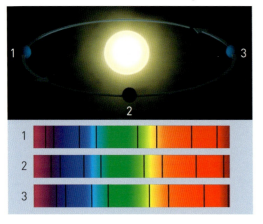

Der bekannteste Stern dieser Art ist Albireo, der Kopfstern im Sternbild Schwan. Hier sieht man einen kühlen, orangeroten Stern neben einem heißen, blauen Stern.

Erzeugt man ein Lichtspektrum eines Doppelsternsystems, so erhält man von jedem der beiden Komponenten ein Spektrum mit seinen dunklen Linien (Absorptionslinien). Auf diese Weise kann sich auch ein am Himmel sichtbarer Einzelstern in Wirklichkeit als Doppelstern entpuppen, der dann in die Gruppe der „spektroskopischen Doppelsterne" eingeordnet wird.

Radialgeschwindigkeit

Bewegt sich eine der Komponenten um die andere, dann spiegelt sich das in der Veränderung ihrer Spektrallinien wider: Sie verschieben sich in einem bestimmten Rhythmus. Für einen irdischen Beobachter scheint sich der Stern auf ihn zu oder von ihm weg zu bewegen. Die Geschwindigkeit, mit der das geschieht, verändert die Radialgeschwindigkeit des Sterns.

Je genauer die Radialgeschwindigkeit gemessen werden kann, desto größer ist die Chance, einen oder gar mehrere extrasolare Planeten zu finden. Dieselbe Variation der Spektrallinien kann aber auch durch einen Braunen Zwerg verursacht werden. Mit diesem Hilfsmittel, aber auch den Gedanken an mögliche Braune Zwerge im Hinterkopf, begannen ab 1980 die Astronomen verstärkt, Spektren von Sternen aufzunehmen, bei denen sie planetare Begleiter zu finden hofften. Da Braune Zwerge viel massereicher sind, ist bei ihnen der Radialgeschwindigkeitseffekt viel ausgeprägter. Um Exoplaneten im Spektrum aufzuspüren, benötigt man einen hochauflösenden Spektrografen.

Schweizer Besonderheiten

Didier Queloz verbesserte im Laufe der Zeit die Präzision seines Spektrografen und schrieb darüber hinaus eine Computersoftware, die äußerst schnell war in der Auswertung der empfangenen Spektren. Dagegen dauerten Fortschritte bei anderen Forschergruppen sehr lange. Außerdem ließen sie sich damit Zeit, denn wenn man über Jahrzehnte beobachten musste, wie bei solchen Suchaktionen üblich, bis man fündig wurde, dann war keine Eile geboten und es kam auf ein paar Jahre mehr oder weniger nicht an.

Queloz' Programm bot den Vorteil, dass die Daten fast direkt nach der Aufnahme untersucht werden konnten. Wenige Minuten, nachdem das Spektrum eines Sterns aufgenommen worden war, hielten Mayor und Queloz schon die Radialgeschwindigkeitsdaten in den Händen. Diese Schnelligkeit der Datenauswertung war es, die Ihnen den Sieg über die anderen Exoplanetenjäger mit der Entdeckung von 51 Pegasi b bescherte.

Natürlich zweifelten Mayor und Queloz nach den ersten auf einen Exoplaneten hinweisenden Daten an deren Richtigkeit, als sie im September 1994 ihr Teleskop auf diesen Stern gerichtet hatten. Durch van de Kamps Schicksal vorsichtig geworden, glaubten auch die beiden Schweizer Astronomen an einen Fehler der Instrumente – zumal sie mit der Planetensuche erst vor wenigen Monaten begonnen hatten und mit den Geräten noch nicht in jedem Detail vertraut waren.

Aus diesem Grund beobachteten sie 51 Pegasi sooft sich ihnen die Möglichkeit dazu bot und schlossen alle anderen Ursachen aus: ein Pulsieren des Sterns, das dessen Oberfläche sich dem Beobachter ein wenig nähern und sich von ihm wieder entfernen ließ, oder auch sonnenfleckenähnliche Gebilde auf dem Stern.

Erst dann, als sich Mayor und Queloz sicher waren, dass diese Phänomene nicht die von ihnen gemessenen Radialgeschwindigkeiten verursachten, schickten sie ihre Arbeit an die Fachzeitschrift *Nature*, wo sie von drei Gutachtern überprüft wurde. Zwei befürworteten eine Veröffentlichung – einer sprach sich dagegen aus.

So traten die zwei Astronomen quasi die Flucht nach vorn an, indem sie zur Konferenz nach Florenz reisten, um dort am 6. Oktober 1995 ihre Entdeckung offiziell bekannt zu geben. An all das dachte wahrscheinlich Michel Mayor, als er zum Podium ging und die sensationelle Neuigkeit dem Auditorium mitteilte.

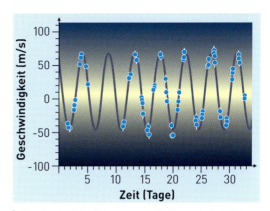

Geschwindigkeitskurve von 51 Pegasi, dem Stern mit dem ersten wirklichen Planeten außerhalb unseres Sonnensystems, wie sie durch Messung der Radialgeschwindigkeit erstellt wurde. Jeder Punkt bedeutet eine Messung, und die Kurve weist auf ein planetenartiges Objekt hin.

Skepsis weicht der Begeisterung

So war es keine Überraschung, dass die Kollegen auf diese Ankündigung skeptisch reagierten – und besonders ihre Konkurrenten aus den USA: Geoffrey Marcy und Paul Buttler. Sie hatten immerhin seit zehn Jahren erfolglos fremde Welten gesucht und meinten anfangs, dass der Planet gar nicht existieren konnte. Und nun sollten ausgerechnet zwei Schweizer – zwei Außenseiter – fündig geworden sein, und das nach wenigen Monaten Beobachtung?

Marcy und Buttler machten sich sofort daran, 51 Pegasi auch mit ihrem Teleskop zu beobachten, und gaben am 12. Oktober 1995 bekannt, dass sie die gleichen Schwankungen wie Mayor und Queloz gefunden hatten. Dabei hatten sie schon früher mit dem Gedanken gespielt, diesen Stern in ihr eigenes Beobachtungsprogramm aufzunehmen. Aber der Katalog, den sie zur Auswahl ihrer Sterne benutzt hatten, klassifizierte 51 Pegasi als Stern, der am Ende seines Lebens angekommen war und nicht mehr stabil ist. Doch die Amerikaner verhielten sich sportlich, und Marcy sagte: „Eine Gruppe beansprucht eine spektakuläre, historische Entdeckung. Dann kommt ein anderes Team – skeptisch oder zynisch wie wir –, und was passiert? Wir bestä-

Braune Zwerge

Darunter verstehen Astronomen Himmelskörper, deren Masse zwischen jener von Sternen und Planeten liegt: Sie sind leichter als Sterne, aber schwerer als Planeten. Ein Stern ist eine selbstleuchtende, heiße Gaskugel. Sie erzeugt ihre Energie dadurch, dass in ihrem Kern Wasserstoff zu Helium verschmolzen wird. Die dazu notwendige Temperatur von zehn Millionen Grad entsteht durch die Gravitation nur im Innern von Körpern mit mindestens acht Prozent der Sonnenmasse.

Da Braune Zwerge jedoch unter diese Grenze fallen, leuchten sie nicht und werden deshalb auch als „verhinderte Sonnen" bezeichnet. Weil sie aber schwerer als Planeten sind, zerren sie mit ihrer Schwerkraft stärker an ihrem Zentralstern und lassen sich leichter nachweisen. Aber sie täuschen auf den ersten Blick die Exoplanetenjäger immer wieder, weshalb nach der Entdeckung eines dunklen Sternbegleiters gleich die Frage aufkommt: „Was umrundet da Dunkles das helle Zentrum – ist es wirklich ein Planet oder nur ein Brauner Zwerg?"

Größenvergleich von Sternen und Planeten. Während terrestrische Planeten wie die Erde eindeutig kleiner als Sterne sind, ist der Übergang von Gasplaneten wie Jupiter zu Braunen Zwergsternen über masse_arme Sterne fließend. Braune Zwerge können daher einen Exoplaneten vortäuschen.

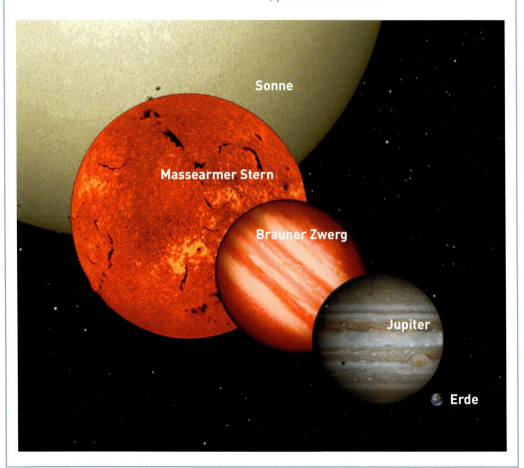

Sonne

Massearmer Stern

Brauner Zwerg

Jupiter

Erde

tigen die Entdeckung. Das ist Wissenschaft, wie sie besser nicht sein könnte."

Riesiger Medienrummel ohne die Stars

Natürlich gab es einen riesigen Medienrummel – allerdings erst einmal ohne die Entdecker selbst. Denn die Fachzeitschrift *Nature* belegt ihre Autoren mit dem Verbot, vor der Veröffentlichung des Artikels mit den Medien zu reden. Am 23. November 1995 wurde der Artikel schließlich publiziert; und sofort setzte eine Pilgerfahrt der Journalisten nach Genf ein. Alle wollten mit den beiden Astronomen sprechen, die – so die BBC – „das Rennen um eine der größten Auszeichnungen in der Wissenschaft" gewonnen hatten.

Mayor und Queloz wurden von den Fotografen und Filmteams gebeten, sich in immer neuen Variationen zu einem Gruppenbild vor dem Teleskop aufzustellen. Mayor gab es schließlich auf, die gegebenen Interviews zu zählen – und das war auch nicht wichtig. Wichtig war nur eines: Der erste echte extrasolare Planet war entdeckt worden.

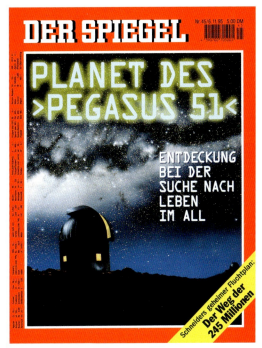

Der definitive Nachweis des ersten Planeten außerhalb unseres Sonnensystems 1995 wurde von den Medien als epochales und sensationelles Ereignis angesehen, so dass Zeitungen und Nachrichtenmagazine wie DER SPIEGEL es zur Titelstory erhoben und es in den Zusammenhang mit der Suche nach Leben im All stellten.

Fazit

Bei der Suche und dem Nachweis von Exoplaneten durch die Astronomen war viele Jahrzehnte hindurch der Wunsch der Vater der Aktivitäten. Zwar waren die Forscher grundsätzlich der Überzeugung, dass andere Sterne genauso wie unsere Sonne auch von Planeten umkreist würden; aber ob das wirklich der Fall war und wie fremde Sonnensysteme beschaffen sein könnten, wusste niemand zu sagen. Die bisherigen Informationen waren einfach zu dürftig – kannte man doch nur ein Planetensystem, und das war das unsere. Hinzu kam, dass die notwendigen Nachweismethoden entweder noch nicht entwickelt waren oder nur im Ansatz existierten. Ähnliches galt für die Instrumente: Sie waren einfach nicht empfindlich genug. Das änderte sich erst ab den 1980er Jahren, woran die Raumfahrt mit ihren Satellitenobservatorien einen nicht unerhebli-

chen Anteil hatte. Als dann der erste planetare Sternbegleiter entdeckt wurde, handelte es sich um einen Pulsarplaneten, was deshalb nicht als wirklicher Exoplanetenfund akzeptiert wurde. Der gelang erst 1995 zwei Schweizer Astronomen, die ihr Suchgerät empfindlicher als die bisherigen konstruiert und auch ein schnelleres Auswertungsprogramm entwickelt hatten. Auch spielte bei der Entdeckung des Planeten 51 Pegasi b wie in vielen anderen Bereichen der glückliche Zufall eine Rolle.

Gerade die Umstände der Entdeckung, und dass sie zwei Außenseitern gelungen war, spielte bei der Skepsis der übrigen Astronomen eine nicht unerhebliche Rolle. Allerdings verwandelten sich diese Vorbehalte nach eingehender Prüfung der Daten durch andere Teams, die weniger Glück hatten, in Begeisterung.

3 | UNSERE HEIMATADRESSE IM KOSMOS

Die Erde und das Sonnensystem

Äußerer Arm

Perseus-Arm

Lokaler Arm

Sagittarius-Arm

Sonne

Balken

Norma-Arm

Scutum-Centaurus-Arm

Unsere Erde ist der dritte Planet im Sonnensystem und nimmt durch seine Eigenschaften im Vergleich zu den anderen Planeten eine herausragende Stellung ein. Doch welche „kosmische Postanschrift" trägt unser Heimatplanet in Bezug auf das ganze Universum? Durch immer weiterentwickelte Beobachtungstechniken kann diese Frage heute einigermaßen befriedigend beantwortet werden.

Für Expeditionen gilt eine wichtige Vorsichtsmaßnahme: den Blick zurück zum Ausgangspunkt zu wenden, bevor man in unbekannte Gefilde eindringt. Dabei spielt es keine Rolle, wohin die Entdeckungs- oder Forschungsreise führt – ob in den tropischen Regenwald, auf den Grund der Ozeane oder in ein bisher kaum bekanntes Höhlensystem.

Woher man kommt – wohin man geht

Nehmen wir das Beispiel Höhlenforschung, in der Fachsprache als „Speläologie" bezeichnet. Hier wird den Auszubildenden gleich zu Anfang ihrer Lehre immer wieder ins Gedächtnis gerufen, dass sie, bevor sie sich etwa den Schönheiten eines neuen Felsendomes fasziniert hingeben, sich erst einmal umdrehen und zurückblicken, aus welchem Tunnel des unterirdischen Labyrinths sie diesen Ort der Wunder erreicht haben. Denn das genaue Kennen des Ausgangspunktes ermöglicht im Falle einer Gefahrensituation, die man nicht mehr meistern kann, einen geordneten Rückzug.

Wer kennt nicht das Unbehagen, wenn man nach dem Weg gefragt wird und kann weder den augenblicklichen Standort beschreiben noch auf einer Karte zeigen? Nicht jeder besitzt ein Smartphone mit dem entsprechenden Navigationsprogramm. Das Woher ist also genauso wichtig wie das Wohin – vielleicht sogar noch viel wichtiger.

So wollen wir, bevor wir uns auf die Reise zu fremden Welten begeben, uns erst einmal unseres Ausgangsortes, der Erde und des Sonnensystems, versichern – nur so können wir später die Position anderer Welten einordnen.

Positionsbestimmung auf der Erde

Schon früh in der Geschichte der Menschheit wurden verschiedene Ortungsmethoden und -instrumente entwickelt, vor allem für die Seefahrt. Sie reichten vom Jakobsstab bis hin zum Sextanten. Mit der Einführung des satellitengestützten GPS, welches heute eine Lokalisierung auf wenige Meter genau erlaubt, hat die Orientierung auf der Erde ihren (vorläufigen) Höhepunkt erreicht.

Trotzdem gibt es auf jedem Schiff weiterhin den Sextanten und das sogenannte „Navigationsbesteck", das in der Regel aus Kursdreieck, Anlegedreieck und Stechzirkel besteht. Mancher mag diese Hilfsmittel als antiquiert ansehen. Doch die bemannten Apollo-Flüge zum Mond zeigten, dass dem nicht so ist. Ein speziell entwickelter Sextant kam selbst während dieser Missionen wiederholt zum Einsatz, wenn auch nur als Rückversicherung zu der vom Boden aus vorgenommenen Navigation.

Eine zweite, nicht weniger wichtige Vorsichtsmaßnahme ist es, seine aktuelle Umgebung zu kennen: Gute Karten sind Bestandteil jeder Expedition. Durch Karten erhielten die Geowissenschaften erst ihr eigentliches Fundament. Nicht ohne Grund spricht man allgemein von „Geografie" („Erdbeschreibung"). Die seit Beginn des Weltraumzeitalters gestarteten Satelliten ha-

Sie schrieben die „Heimatanschrift" der Erde

Aristarch von Samos (ca. 310–230 v. Chr.) war ein griechischer Astronom und Mathematiker. Er vertrat als Erster die Meinung, dass die Sonne im Mittelpunkt des Planetensystems steht. Seine Theorie konnte sich jedoch nicht gegen die spätere des Claudius Ptolemäus durchsetzen. Erst Nikolaus Kopernikus griff sie rund 1800 Jahre später wieder auf.

Claudius Ptolemäus (100–160 n. Chr.) propagierte in seinem Werk „Almagest" das geozentrische Weltbild. Danach war die Erde das ruhende Zentrum, um das sich auf verschiedenen Kugelschalen (Sphären) Sonne, Mond und Planeten bewegten. Jenseits davon lag die Sphäre der Fixsterne. Die Erde bildete den Mittelpunkt der Welt. Ptolemäus' Lehre bestimmte bis in die frühe Neuzeit das astronomische Weltbild in Europa.

Seite mit der Originalhandschrift von Galileo Galilei über dessen Entdeckung der Jupitermonde.

Frontispiz aus dem 1496 erschienenen „Abriss des Ptolemäus'schen Weltbilds". Links liest Ptolemäus aus dem „Almagest", während Regiomontanus (rechts) aufmerksam zuhört und auf das wohlgeordnete Schema des Himmels zeigt, wie es Ptolemäus' großes Werk beschreibt: Die Erde bildet den Mittelpunkt des Kosmos.

Nikolaus Kopernikus (1473–1543) trat in seinem Werk *De revolutionibus orbium coelestium* erneut für das heliozentrische Weltbild ein, wonach die Erde sich um die eigene Achse dreht und zudem wie die anderen Planeten um die Sonne wandert. So war die „Adresse" der Erde im Sonnensystem richtig bestimmt.

Galileo Galilei (1564-1641) nutzte das Fernrohr als Forschungsinstrument in der Astronomie und erschütterte mit seinen Beobachtungen, zum Beispiel der Monde von Jupiter, anschaulich das geozentrische Weltbild. Er erkannte auch das Band der Milchstraße als Ansammlung von Sternen, nicht aber ihre wahre Natur.

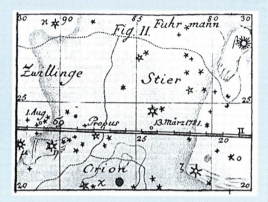

Wilhelm Herschels Eintragung der Position des von ihm 1781 entdeckten Planeten Uranus.

Johannes Kepler (1571–1630), Domherr im polnischen Frauenburg, entdeckte die Gesetzmäßigkeiten, nach denen sich die Planeten um die Sonne bewegen und bestätigte Galileis Entdeckungen.

Wilhelm Herschel (1738–1822), ein aus Deutschland stammender britischer Astronom, baute die größten und leistungsstärksten Spiegelteleskope seiner Zeit. Er entdeckte 1781 den Planeten Uranus. Damit fügte er den bekannten klassischen Planeten einen neuen hinzu und erweiterte die Kenntnis über unser Sonnensystems erheblich. Sein Hauptinteresse lag allerdings in der Fixsternforschung. Im Rahmen dieser Arbeit erstellte er das erste Modell der Milchstraße als Sternsystem (von linsenartiger Form) und legte hier die Position der Sonne fest.

Harlow Shapley (1885–1972) konnte 1918 die Frage beantworten, wie und wo die Sterne – und vor allem unsere Sonne – im Milchstraßensystem beheimatet sind. Damit klärte er auch die Struktur sowie die Dimensionen unseres Sternsystems. Der US-amerikanische Astronom untersuchte dazu die Verteilung der Kugelstern-

haufen und erkannte, dass sie sich wie eine kugelförmige Wolke (Halo) symmetrisch um ein Zentrum von Sternen sammeln. Das Zentrum dieses Halos ist mit dem galaktischen Zentrum identisch und lag nach damaliger Annahme etwa 50.000 Lichtjahre von der Sonne entfernt im Sternbild Schütze. Allerdings ging Shapley noch davon aus, dass die Milchstraße die einzige Galaxie im Universum sei und die bis dahin bekannten Galaxien innerhalb der Milchstraße liegen. Dass das nicht der Fall ist, wurde 1923 durch die Entdeckungen von Edwin Hubble geklärt.

Edwin Hubble (1889–1953) war ebenfalls US-amerikanischer Astronom. Er fand die wahre Natur der Spiralnebel heraus, indem er 1923 die Entfernung des Andromedanebels berechnete. Dafür setzte er das größte Fernrohr seiner Zeit ein: das 2,54-Meter-Spiegelteleskop auf dem Mount-Wilson-Observatorium. Zwar hat sich der von ihm gefundene Entfernungswert zum Andromedanebel von 900.000 Lichtjahren in der Folgezeit als fehlerhaft erwiesen (der richtige beträgt 2,5 Millionen Lichtjahre), aber er half, diesen und viele andere Spiralnebel als extragalaktische Objekte zu identifizieren: ferne Galaxien, jede davon unserer Milchstraße ähnlich.

Das 1917 auf dem Mount Wilson installierte 2,54-Meter-Hooker-Spiegelteleskop.

Ein blassblauer Punkt im All. So sieht unsere Erde aus sechs Milliarden Kilometer Entfernung aus, aufgenommen am 14. Februar 1990 von *Voyager 1*, als sie das Sonnensystem verließ.

ben durch ihre fotografischen Aufnahmen unseres Planeten eigentlich nur den Schlussstein gesetzt und „polieren" ihn sozusagen weiter.

Die Kartografie des Weltalls

Verglichen mit den zu überwindenden Hürden bei der irdischen Kartografie war die Ermittlung der Position unserer Erde im Weltall eine Herkulesaufgabe. Sie verlangte von zahlreichen Ideengebern erhebliche geistige Anstrengungen (siehe Exkurs „Sie schrieben die ‚Heimatanschrift' der Erde"). All diese Forscher hatten ein gemeinsames Problem: Die Stellung der Erde im Weltall kann nicht von einer fernen Warte aus überblickt werden. Nur durch die richtige Interpretation einer Vielzahl von Indizien konnte es gelingen, unseren Platz im All auf indirektem Weg festzustellen. Heute wissen wir dank Raumsonden, welchen Anblick die Erde aus dem All bietet. Wir kennen auch ihre Stellung im Sonnensystem, ja können sie als Teil des Sonnensystems sogar abbilden, wie das berühmte Foto „Blue dot" der Raumsonde Voyager zeigt.

Aber wenn es um die Position des Sonnensystems in der Milchstraße geht, sind wir immer noch auf indirekte Beweise angewiesen. Denn Raumschiffe, mit denen wir uns außerhalb des Sonnensystems oder gar der Milchstraße begeben können, gibt es nur in der Science-Fiction. Mit einem dieser Fantasie-Raumschiffe könnten wir die Sternenscheibe unserer Galaxis aus der Ferne sehen – entweder von der Seite als Scheibe mit einer zentralen Verdickung oder von oben als spiralförmige Welteninsel mit ähnlicher Erscheinungsform wie viele andere Galaxien am irdischen Himmel.

Dass die Erde wirklich eine Kugel ist und worin sie sich von den anderen Welten des Sonnensystems unterscheidet, haben wir erst durch die bemannten Mondflüge und unbemannten Planetensondenmissionen erfahren. Die bis dahin angeführten Beweise für die Kugelgestalt der Erde – die sichtbare Horizontkrümmung auf großen Wasserflächen, das langsame Auftauchen eines Schiffes am Horizont oder die runde Kernschattengrenze bei einer totalen Mondfinsternis – haben viele nicht ausreichend überzeugt.

Ein neues Bild dank der Raumfahrt

Das galt auch in gewisser Hinsicht für die von erdgebundenen Teleskopen aufgenommenen Bilder der übrigen Planeten des Sonnensystems. Selbst bei den gut sichtbaren Planeten wie Merkur, Venus, Mars, Jupiter und Saturn zeigten sie nur wenige Details. Das führte beispielsweise beim Mars zu Trugschlüssen wie den berühmten Marskanälen oder den vermeintlichen Vegetationsgebieten auf dem roten Planeten, die sich im Wechsel der dortigen Jahreszeiten scheinbar veränderten. Die Raumfahrt hat hier zu erheblichen Korrekturen, ja zu einem neuen Bild der Erde und des Sonnensystems geführt.

Und ein Ende dieser Entwicklung ist nicht abzusehen. So wissen wir seit dem Jahr 2014, wie es auf der Oberfläche eines Kometen aussieht, und im Jahr 2015 werden wir endlich Bilder des Kleinplaneten Ceres und des Zwergplaneten Pluto erhalten.

Ein Foto als Ikone

Auch wenn neue Aufnahmen der Marsoberfläche und Nahbilder der Saturnringe sensationell sind, so ragt ein Weltraumfoto unter diesen für immer hervor. Es ist sogar zu einer Ikone der Umweltbewegung geworden und hat dem wissenschaftlichen Bild vom „System Erde" mit zum Durchbruch verholfen: das Foto „Earthrise" (Erdaufgang über der Mondoberfläche), aufgenommen am 24. Dezember 1968 von William Anders während der Mondumkreisung im Rahmen der *Apollo-8*-Mission. Deutlicher und eindrucksvoller lassen sich die Gestalt und Besonderheit des „Raumschiffs Erde" nicht veranschaulichen. Und sie führen zu weiteren Fragen, wie: Auf welcher Bahn wandert die Erde um unsere Sonne, zu welcher Kategorie von Welten gehört sie, welche besonderen Charakteristika weist sie auf? Wie unterscheiden sich die anderen Welten von ihr; und wie ist jenes Sonnensystem entstanden, in das die Erde seit rund 4,6 Milliarden Jahren eingebettet ist?

Der Erdaufgang über der Mondoberfläche, aufgenommen von *Apollo 8* am 24. Dezember 1968. Ein Bild, das nicht nur für die Umweltbewegung, sondern auch für die Geowissenschaften zur Ikone wurde.

Heimat Sonnensystem

Für die spätere Betrachtung der Exoplaneten ist ein genauerer Blick auf unser Sonnensystem

Das Sonnensystem mit seinen großen und kleinen Welten sowie ihre Reihenfolge von der Sonne aus, wie wir es heute kennen: terrestrische Planeten, Gasriesen und Zwergplaneten: Ceres (ehemals Planetoid), Pluto (ursprünglich letzter Planet) und Eris.

Merkur Venus Erde Mars Ceres Jupiter Saturn Uranus Neptun Pluto & Charon Eris

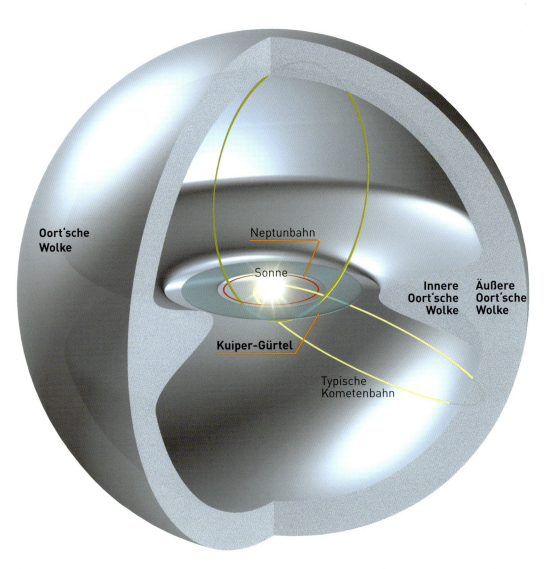

Die kugelschalenförmige Oort'sche Wolke und der flache Kuiper-Gürtel enthalten vermutlich jeweils zahlreiche Kometenkerne. Die Innere Oort'sche Wolke geht bei etwa 50 AE kontinuierlich in den Kuiper-Gürtel über. Eingezeichnet sind zwei typische, lang gestreckte Bahnen von Kometen aus der Oort'schen Wolke.

als eine Art Richtschnur wichtig. Laut aktueller Bestandsaufnahme besteht es im Zentrum aus einem 4,6 Milliarden Jahre alten, unscheinbaren Zwergstern des Spektraltyps G2V namens Sonne. Dieser Stern leuchtet mit einer Oberflächentemperatur von rund 5500 Grad im gelben Bereich des Lichtes. Die Kerntemperatur beträgt rund 15 Millionen Grad.

Umkreist wird die Sonne von acht großen Planeten (die wiederum von weit über 100 Monden begleitet werden), verschiedenen Zwergplaneten (derzeit sind neun bekannt), hunderttausenden Asteroiden und zahllosen Kometen. Dazu kommen noch Unmengen an Kleinstkörpern sowie Staub und Gas zwischen den Planeten – die sogenannte interplanetare Materie.

Steckbrief der Sonne	
Art	Gelber Zwergstern des Spektraltyps G2V
Mittlere Entfernung von der Erde	149,6 Mio. km
Durchmesser am Äquator	1,39 Mio. km
Masse	330.000 Erdmassen
Mittlere Dichte	1,41 g/cm³
Oberflächentemperatur	5510 °C
Temperatur im Zentrum	15 Mio. °C
Rotationsdauer am Äquator	25,4 Erdentage
Alter	4,57 Mrd. Jahre
Zusammensetzung	73,5 % Wasserstoff, 24,9 % Helium, 1,6 % andere Elemente

Mit rund 1,39 Millionen Kilometer Durchmesser und einer Masse von $1,989 \times 10^{30}$ kg ist unsere Sonne das Schwerkraftzentrum. Sie vereinigt in sich 99,86 Prozent der Gesamtmasse des Planetensystems und bestimmt die Bahnen aller um sie versammelten Körper. Dieser Einfluss reicht über 15 Milliarden Kilometer (100 AE) weit in den Weltraum hinaus bis zur sogenannten Heliopause, wo der Sonnenwind auf das interstellare Medium trifft. Noch weit jenseits davon, in einem Abstand von 100.000 AE (=1,6 Lichtjahre), umhüllt die Oort'sche Kometenwolke fast auf halbem Weg zum nächsten Stern das Sonnensystem.

Modellstern Sonne

Unsere Sonne ist der uns am nächsten stehende Stern. Deshalb können wir mit Hilfe der Teleskope sowie entsprechender Zusatzgeräte die verschiedenen Oberflächenerscheinungen sowie Aktivitäten des Sterns Sonne aus der Nähe studieren. Dazu zählen die Sonnenflecken oder verschiedene Eruptionsformen, beispielsweise Protuberanzen. Die Erkenntnisse lassen sich dann auf ferne Sterne übertragen. Dies geschieht nach dem Grundsatz, dass die Naturgesetze und die durch sie bewirkten Phänomene überall gleich sind – sei es im Laborexperiment oder in den entferntesten Regionen des Kosmos.

Durch die Macht ihrer Gravitation hält die Sonne die Planetenfamilie zusammen, auch wenn, wie in einer irdischen Familie üblich, jedes einzelne Mitglied in diesem Rahmen seinen eigenen Status hat, eine individuelle Rolle spielt und versucht, seinen Einfluss auf die Umgebung auszuüben. Als Beispiel dafür seien hier die Riesenplaneten Jupiter und Saturn genannt. Sie haben mit ihren Schwerefeldern nicht nur eine gewaltige Anzahl von Monden, sondern auch eine ganze Familie von Kleinplaneten um sich versammelt.

Die an die Sonne gebundenen Körper lassen sich in sechs Gruppen unterteilen: die Gesteinsplaneten, die Kleinplaneten (auch Planetoiden oder Asteroiden genannt), die Gasplaneten, die Monde, die Kometen und die Zwergplaneten.

Gesteinsplaneten

Zu den Gesteinsplaneten zählen die vier Planeten Merkur, Venus, Erde und Mars, welche der Sonne am nächsten sind. Man bezeichnet sie auch als „terrestrische", also erdähnliche Planeten. Sie sind vergleichsweise klein, bestehen aus Gestein und Metallen und haben eine Atmosphäre, die beim Merkur allerdings nur in Spuren vorkommt. Weiterhin bauen sie sich aus verschiedenen Schichten auf, und zwar einer Kruste, einem Mantel und einem Kern, wobei die Kruste

Was ist ein Planet?

Wer sich bereits mit der Astronomie befasst hat, mag diese Frage für banal halten, doch es gibt immer noch genügend Menschen, die beispielsweise unsere Erde als „Stern" bezeichnen – und sei es nur in Gedichten oder im Schlager. Deshalb sei hier ausführlich erklärt, worum es sich bei Himmelskörpern wie der Erde oder auch dem Zwergplaneten Ceres handelt. Denn Himmelskörper dieser Art sind schließlich Zielgegenstand der Exoplanetensuche. Zudem wurden die Definitionen der Körper unseres Sonnensystems im Jahre 2006 von der Internationalen Astronomischen Union neu festgelegt. Demnach ist ein Planet ein Himmelskörper,

a) der sich auf einer Umlaufbahn um die Sonne bewegt;

b) dessen Masse groß genug ist, so dass er sich im „hydrostatischen Gleichgewicht" befindet, d. h. der Planetenkörper sich in verschiedene Schichten gliedert, die durch Materialien unterschiedlicher Dichte hervorgerufen werden. Jede Schichtgrenze hat ein Gleichgewicht zwischen der Anziehungskraft der darunterliegenden Masse und dem durch verschiedene physikalische Vorgänge erzeugten Druck. Als Folge weist der Körper eine Kugelform auf. So gliedert sich unsere Erde in eine innere Kugel (dem aus Eisen und Nickel bestehenden Erdkern), die nach außen von Erdmantel und Erdkruste umschlossen wird.

c) der das bestimmende Objekt seiner Umlaufbahn ist – das heißt: Er hat diesen Bereich über die Zeit hinweg durch sein Schwerefeld von weiteren Objekten „geräumt". Pluto erfüllt diese Bedingung nicht, denn auf seiner Bahn kreisen weitere planetenartige Körper um die Sonne. Deshalb wurde Pluto 2006 in die neu geschaffene Gruppe der Zwergplaneten eingestuft.

Hinzuzufügen ist, dass ein Planet aufgrund seiner Beschaffenheit nicht selbst leuchtet (er erzeugt keine eigene Energie durch Kernfusion im Zentrum). Man kann ihn nur im reflektierten Licht seines Zentralgestirns sehen. Exoplaneten versinken sozusagen im Licht ihres Zentralsterns – ein Grundproblem der Exoplanetensuche.

| Fotomontage der Planeten und größten Monde unseres Sonnensystems.

mehr oder minder stark durch Vulkanismus und Erosion geprägt ist. Dazu kommt, dass diese Welten von nur wenigen Monden umkreist werden (Erde und Mars) oder gar keinen natürlichen Trabanten haben (Merkur und Venus).

Wegen ihres freien Wassers, einer atembaren Atmosphäre und eines moderaten Abstands zur Sonne ist unsere Erde der einzige Planet im Sonnensystem, der Leben trägt (beim Mars ist allerdings das letzte Wort noch nicht gesprochen). Sie nimmt damit unter den Gesteinsplaneten eine Sonderstellung ein, wodurch sie unter den kleinen Planeten zum Maßstab wird. Die Gründe dafür, dass unsere Erde so geworden ist, wie sie ist, nämlich zu einem Planet mit höher entwickeltem Leben, sind vielfältig.

Leben auf der Erde

Warum trägt unsere Erde als einziger Planet im Sonnensystem höher entwickeltes Leben? Auf den ersten Blick erscheint die Antwort ganz einfach: Weil unser Planet bestimmte Voraussetzungen erfüllt, die Grundlage für die Entwicklung von Leben sind. Dazu zählen vor allem:

Entfernung
Die Erde befindet sich in einem Abstand zur Sonne, der weder zu nah noch zu weit ist. Sie wird leicht erwärmt, aber nicht gekocht – Wasser ist in flüssiger Form vorhanden. Diesen Bereich um einen Stern nennt man „habitable Zone".

Bei zu geringem Sonnenabstand wäre das sich ansammelnde Wasser sofort wieder in den Weltraum entwichen, bei zu großem Abstand zu einem Eispanzer gefroren. Zwar könnte sich unter solch einer gefrorenen Schale in der Nähe von heißen Quellen, wie den Black Smokern bei uns in der Tiefsee, auch Leben entwickeln. In der Geschichte der Erde hat es eine solche Zeit gegeben, wo ein kilometerhoher Eispanzer unseren Planeten global umschloss: die „Schneeball-Erde-Zeit". Aber ein solches Leben hätte keine Chance für eine Höherentwicklung, wenn es nicht, wie in der Erdgeschichte geschehen, das Meer verlässt und sich auf dem Land ausbreitet. Dadurch ist die Evolution erst richtig in Fahrt

gekommen (Kambrische Explosion vor 543 Millionen Jahren).

Masse
Außerdem hat unsere Erde die richtige Masse. Die Masse eines Planeten legt fest, welche Schwerkraft an seiner Oberfläche herrscht, wie die Lufthülle zusammengesetzt ist, wie groß der Luftdruck und wie hoch der höchste Berg sein kann. Ist ein Planet zu klein und leicht, kann er weder Meere noch eine ausreichend dichte Atmosphäre halten. Sauerstoff würde in den Weltraum entweichen, eine das Leben schützende Ozonschicht könnte sich nicht bilden. Die Oberfläche ist in diesem Fall der harten kosmischen Strahlung und dem UV-Licht der Sonne ungeschützt ausgesetzt und würde auf diese Weise sozusagen sterilisiert. Ferner fehlt diesem Planeten dann auch eine wichtige Thermoisolation. Auf seiner von der Sonne ungebremst aufgeheizten Tagseite herrschen extrem hohe Temperaturen, während auf der Nachtseite die Wärme sofort entweicht, denn es gibt keine ausgleichende Wolkenhülle. Bei einer dünnen Atmosphäre würde es auch für flüssiges Wasser schwierig. Es überspringt den flüssigen Zustand und verdampft direkt aus dem Eis (sogenannte Sublimation). Ist dagegen die Masse des Planeten zu groß, was eine hohe Schwerkraft nach sich zieht, würde die Atmosphäre zu dicht, so dass nur wenig Sonnenlicht zur Oberfläche dringt. Dadurch würde die Photosynthese von Pflanzen stark gedrosselt.

Rotation
Unsere Erde dreht sich mit vorteilhafter Geschwindigkeit um ihre eigene Achse. Denn bei zu langsamer Rotation eines Planeten heizt sich dessen Tagseite stark auf und seine Nachtseite kühlt extrem ab. Ein Beispiel dafür ist Merkur: Er läuft in nur 88 Tagen um die Sonne, benötigt für eine Rotation aber fast 59 Tage. Damit dauert ein Merkurtag mit 176 irdischen Tagen zwei Merkurjahre. Dies führt zu einer Aufheizung der sonnenzugewandten Merkurseite auf +427 °C, auf der Nachtseite von Merkur herrschen hingegen unter -180 °C. Eine zu schnelle Rotation wiederum sorgt zwar für einen besseren Tempe-

Was ist die habitable Zone?

Die „bewohnbare Zone" ist jener Abstandsbereich, in dem ein Planet sein Zentralgestirn umlaufen muss, damit auf seiner Oberfläche Wasser in flüssigem Zustand existieren kann und somit die Voraussetzung für Leben bietet. Primär hängt die einen Stern umgebende habitable Zone von der Temperatur und Leuchtkraft des Sterns ab. Darüber hinaus spielt aber auch die Oberflächenbeschaffenheit des Planeten – und hier vor allem das Rückstrahlvermögen der einfallenden Sonnenenergie – eine große Rolle. Moderne Berechnungen berücksichtigen ferner die Entwicklung der Planetenatmosphäre, die durch den atmosphärischen und teilweise rein chemischen Treibhauseffekt gesteuert wird. Schätzungen für die habitable Zone im Sonnensystem reichen von einem Sonnenabstand von 0,725 bis 3,0 astronomische Einheiten mit einer Kernzone von 0,95 bis 1,4 AE.

Danach befindet sich nur die Erde deutlich innerhalb dieses Gürtels. Venus und Merkur sind der Sonne zu nahe. Der Mars liegt mit durchschnittlich 1,5 AE Sonnenabstand nur knapp außerhalb der Kernzone. In seiner Vergangenheit wies Mars erdähnliche Verhältnisse auf, also eine dichtere Atmosphäre, moderate Temperaturen und flüssiges Wasser. Ob diese Verhältnisse lang genug andauerten und die Entwicklung von zumindest einfachen Lebensformen ermöglichten, kann wohl erst durch eine bemannte Mars-Landung geklärt werden.

Allerdings durchlaufen Sterne während ihres Lebens verschiedene Entwicklungsstadien. So nimmt die Leuchtkraft eines Sterns im Laufe seiner Entwicklung zu. Die dadurch ausgelösten Veränderungen ändern auch die habitable Zone. Wenn sich auf einem Planeten also Leben, wie wir es kennen, entwickeln soll, muss dieser sich nicht nur im richtigen Abstand von seinem Zentralstern befinden, sondern auch die Umstände dürfen sich über vier bis sechs Milliarden Jahre

Die habitable Zone in unserem Sonnensystem im Vergleich mit den Bahnen der terrestrischen Planeten.

nicht wesentlich ändern. Daher kommen nur langlebige Sterne wie unsere Sonne für Planeten mit Leben in Frage. Wenn sich der Mutterstern ausdehnt, z. B. zu einem Roten Riesen wird, verschiebt sich die habitable Zone in eine größere Entfernung von diesem Stern.

In diesen von *Curiosity* fotografierten Felsen auf dem Mars weisen Ablagerungen auf Wasser hin.

raturausgleich, zieht aber auch enorme Windge-schwindigkeiten in der Atmosphäre nach sich.

Achsneigung

Ebenso hat die Neigung der Planetendrehachse relativ zu seiner Umlaufbahn eine Auswirkung auf das Klima. Bei der Erde beträgt dieser Neigungswinkel 23,5 Grad. Auf diese Weise neigt unser Planet der Sonne mal die eine und mal die andere Halbkugel stärker zu. Die so entstehenden Jahreszeiten lassen zwar das Klima in den mittleren und höheren Breiten im Jahresverlauf schwanken; aber die dadurch entstehenden Temperaturunterschiede sind so moderat, dass die Toleranzgrenzen von Lebewesen und biochemischen Reaktionen nicht überschritten werden. Wäre die Erdachse stärker gekippt, so hätte das, wie Studien zeigen, viel extremere

Jahreszeiten zur Folge. Im Sommer käme es zu lebensfeindlicher Hitze, im Winter dagegen zu extremer Kälte. Leben auf der Erde könnte dann höchstens entlang der Meeresküsten existieren – denn hier gleicht die Pufferwirkung der Ozeane diese Temperaturschwankungen aus.

Auf der anderen Seite wäre eine senkrecht auf der Umlaufbahn stehende Achse genauso fatal, denn in diesem Fall gäbe es überhaupt keine Jahreszeiten. Zwischen den Polen und dem Äquator würden folglich enorme Temperaturunterschiede bestehen. Das könnte auf längere Sicht dazu führen, dass die Atmosphäre des Planeten an den Polen ausfriert und das Wasser am Äquator verdampft. Auch wenn sich ein solcher Exoplanet noch in der habitablen Zone um seine Sonne bewegte, so wäre er wahrscheinlich unbewohnbar.

Die Entstehung der Jahreszeiten wird durch die gleichbleibende Neigung der Erdachse und somit die unterschiedliche Beleuchtung beider Hemisphären verursacht. Sie führt zu Temperaturschwankungen, die auf der Erde jedoch recht moderat sind.

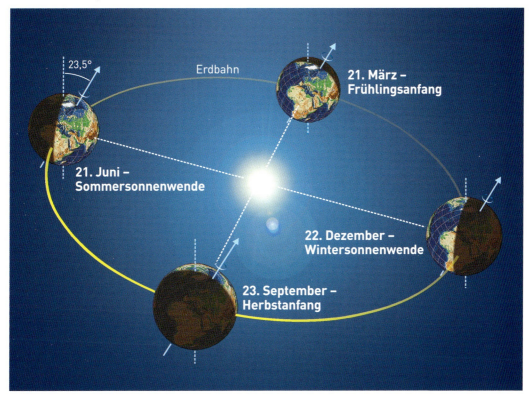

Oberer Mantel
600 km dick

Äußerer Kern
2100 km dick

Innerer Kern
Durchmesser
2740 km

Unterer Mantel
2200 km dick

Kruste
zwischen 5 und 70 km dick

Lithosphäre
ca. 100 km dick

Der innere Aufbau der Erde mit ihren Kugelschalenschichten und Dimensionen, vor allem mit dem äußeren und inneren Erdkern. Sein rotierender Teil erzeugt das schützende Magnetfeld.

Monde

Dass die Erde einen für ihre Verhältnisse recht großen Mond besitzt, spielt in diesem Zusammenhang eine nicht weniger wichtige Rolle. Denn unser Trabant stabilisiert durch seinen gravitativen Einfluss die Erdachse. Gleichzeitig verursacht er Ebbe und Flut, wodurch bestimmte Gebiete an den Meeresküsten für gewisse Zeit trockenfallen. Der Gezeitenwechsel bot dem Leben die Möglichkeit, sich schrittweise an die völlig anderen Umweltbedingungen auf dem Land anzupassen, um sich dann erfolgreich dort auszubreiten.

Bahngeometrie

Wichtig ist auch die Form der Planetenbahn. Wenn sie nur wenig von einem Kreis abweicht, ändert sich der Abstand zum Zentralstern kaum und der Einfluss auf die Planetentemperatur ist gering. Bei einer deutlich elliptischen Bahn hingegen wirken sich die Temperaturschwankungen drastisch aus. Auch die Form der Erdbahn verändert sich im Laufe der Zeit, und man

vermutet eine stärker elliptische Bahn in der Vergangenheit als möglichen Auslöser der Eiszeiten. Eine zu exzentrische Bahn führt den Planeten zeitweise aus der habitablen Zone heraus, so dass dessen Ozeane abwechselnd gefrieren und verdampfen würden. Auf unserem Planeten hätte sich in diesem Fall das Leben wohl nicht entwickeln können.

Planetenkörper

Schließlich ist die geologische Beschaffenheit des Planetenkörpers von Bedeutung. Kleine Planeten besitzen im Verhältnis zu ihrem Volumen eine größere Oberfläche. Sie verlieren deshalb mehr Wärme und kühlen schneller aus, als das bei einem größeren Planeten der Fall ist. In der Folge erstarrt das heiße, schmelzflüssige Innere relativ früh während der Planetenentwicklung, wie es auch beim Mond geschehen ist. Dagegen besitzt ein größerer Planet auch Milliarden Jahre nach seiner Entstehung noch so viel Hitze, um seinen Eisenkern flüssig zu halten und das Mantelgestein zumindest in Teilen zähfließend.

Bei der Erde erzeugt dieser rotierende Teil des Erdkerns ein Magnetfeld, welches als schützende Hülle die aus dem Weltraum kommende energiereiche Strahlung ablenkt. Zusammen mit dem inneren Kern, der durch den auf ihm lastenden starken Druck trotzdem fest ist, bilden

Die sogenannte Magnetosphäre lenkt die von der Sonne aus ständig anströmenden elektrisch geladenen Teilchen (den Sonnenwind) meist von der Erde weg auf weniger gefährliche Bahnen.

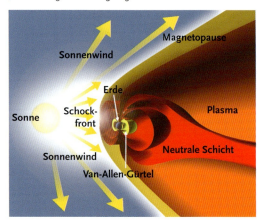

Magnetopause

Sonnenwind

Erde

Plasma

Sonne

Schockfront

Neutrale Schicht

Sonnenwind

Van-Allen-Gürtel

beide Kernbereiche einen gewaltigen Dynamo. Er wird durch die Erdrotation und Konvektionsströmungen der flüssigen Gesteinsschichten des Erdmantels angetrieben. Dabei bewegt sich die flüssige, leitfähige Eisenschmelze des äußeren Kerns um den ebenfalls leitfähigen inneren herum und erzeugt ähnlich wie ein Elektromagnet ein magnetisches Feld. Es umgibt wie ein Käfig unseren Planeten. Ohne diese Magnetosphäre würde die Erdoberfläche ungehindert von solarer und harter kosmischer Strahlung bombardiert werden, was für höheres Leben nicht nur schädlich, sondern tödlich wäre.

Plattentektonik

Der zweite Effekt, der durch das zähfließende Mantelgestein hervorgerufen wird, ist die sogenannte Plattentektonik. Sie lässt die in zahlreiche Platten zerbrochene Erdkruste sich gegeneinander verschieben und sorgt durch den dadurch ausgelösten Vulkanismus dafür, dass nicht nur Wasser in Form von Dampf nachgeliefert wird. Es herrscht auch ein ständiger Nachschub an Treibhausgasen wie Kohlendioxid. Dadurch kommt es zu einem natürlichen Treibhauseffekt, der auf der Erde zu einer angenehmen globalen Durchschnittstemperatur von 15 Grad Celsius führt. Ohne ihn läge die Temperatur rund 30 Grad niedriger.

Auch Mars hatte in seiner Frühzeit eine Plattentektonik, worauf die zahlreichen, oft gewaltigen Vulkane eindrucksvoll hinweisen. Doch sie sind längst erloschen, denn der Planet ist zu klein, um eine Plattentektonik über Milliarden Jahre in Gang zu halten. Damit fiel nach dem Erstarren des marsianischen Innern der Vulkanismus als ein wichtiges Element zum Erhalt des Klimagleichgewichtes weg.

Zeit

Die Evolution ist ein Langzeitprogramm: Eine Entwicklung von Leben benötigt sehr lange Zeit mit stabilen Umgebungsfaktoren, um zu jenem Punkt zu gelangen, an dem es sich auf der Erde heute befindet. „Das Leben auf unserem Planeten hat eine Minimalchance genutzt.", formulierte der NASA-Wissenschaftler Michael H. Hart im Jahr 1977 treffend.

Der ehemalige größte Planetoid Ceres – jetzt Zwergplanet –, aufgenommen von der Raumsonde *Dawn* am 19. Februar 2015.

Kleinplaneten

Mit zunehmendem Sonnenabstand folgen auf Mars die Kleinplaneten. Hunderttausende von ihnen bilden den sogenannten Kleinplanetengürtel; er trennt die inneren von den äußeren Planeten des Sonnensystems. Es ist ein Ring aus Gesteinsbrocken, der sich als breiter Streifen zwischen Mars und Jupiter um die Sonne zieht und zahlreiche Brocken unterschiedlicher Größe enthält. Diese können aus Gestein, Metall oder einer Mischung aus Eis und Gestein bestehen und sind nicht, wie man früher einmal annahm, die Trümmer eines zerplatzten Planeten. Stattdessen sind es die Reste eines fehlgeschlagenen Versuchs, in der Frühzeit des Sonnensystems einen Gesteinsplaneten mit der rund vierfachen Masse unserer Erde zu bilden. Das jedoch hat der Riesenplanet Jupiter durch seine schnell wachsende Masse verhindert.

Die Größe der einzelnen Mitglieder des Kleinplanetengürtels ist stark unterschiedlich: Sie schwankt zwischen 20 und knapp 1000 Kilometer, wobei Ceres mit einem Durchmesser von 945 Kilometer die Spitzenstellung einnimmt. Seit 2006 wird Ceres jedoch auf Beschluss der Internationalen Astronomischen Union zur relativ neuen Klasse der Zwergplaneten gerechnet. Derzeit sind die Bahnen von etwa 400.000 Objekten des Hauptgürtels bekannt, aber die Gesamtzahl der Kleinkörper zwischen Mars und Jupiter wird auf weit über eine Milliarde geschätzt.

Riesenplaneten

Jenseits des Kleinplanetengürtels folgt die Gruppe der Riesenplaneten Jupiter, Saturn, Uranus und Neptun. Nach ihrem größten Vertreter Jupiter und seinen besonderen Merkmalen werden sie auch „Gasriesen" oder „jupiterähnliche" Planeten genannt. Von den terrestrischen Planeten unterscheiden sie sich allein schon durch ihre ungeheure Größe und gewaltige Masse. So beträgt ihr Volumen das 56-fache (Neptun) bis 126-fache (Jupiter) der Erde, ihre Dichte ist im Vergleich zu den terrestrischen Planeten aber viel geringer. Zum Beispiel würde Saturn in einem riesigen Ozean nicht untergehen.

Saturn und sein Ringsystem mit den Schatten, die es auf die Planetenoberfläche (hier: Planetenatmosphäre) wirft, aufgenommen von der Sonde *Cassini* am 9. Mai 2007. Der Ring zeigt zahlreiche Strukturen.

Jupiter mit seinen charakteristischen Atmosphärenstrukturen, vor allem dem Großen Roten Fleck, sowie seiner vier größten Monde Io, Europa, Ganymed und Kallisto in einer Fotomontage der *Voyager*-Bilder.

Dazu kommen die ausgedehnten Atmosphären dieser Riesenwelten. Sie bestehen wie bei Jupiter vor allem aus Wasserstoff und Helium – den „Urgasen" des Kosmos. Die Gashüllen von Uranus und Neptun enthalten außerdem etwas Methan, was ihre bläulich-grünliche Farbe verursacht. Als nächstes folgt eine halbflüssige oder halbfeste Schicht dieser Gase, die wiederum einen festen Kern aus Fels oder Eis umschließt.

Innerhalb der Gruppe der Riesenplaneten lässt sich noch eine weitere Unterteilung vornehmen, in Gasriesen und Eisriesen. Zu den Gasriesen werden Jupiter und Saturn gezählt, zu den Eisriesen wegen ihrer größeren Kerne Uranus und Neptun.

Alle Gasplaneten werden von einem mehr oder weniger stark ausgeprägten Ringsystem umgeben – das mit Abstand eindrucksvollste besitzt Saturn – und von einer großen Anzahl Monde umkreist.

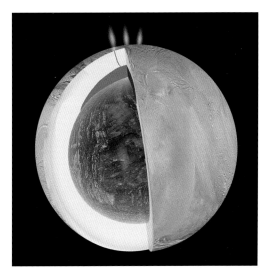

Unter dem Eispanzer des Saturnmondes Enceladus wird flüssiges Wasser vermutet, das an die Oberfläche tritt.

Monde

Die Monde bilden die vierte Weltengruppe im Sonnensystem. Es sind jene Himmelskörper, die einen Planeten umkreisen und gemeinsam mit ihm um die Sonne ziehen. Anders als unser Mond mit seiner felsigen, von Kratern übersäten Oberfläche, können viele Trabanten – besonders die Monde der Riesenplaneten – mit Schnee und Eis sowie einem darunterliegenden Ozean bedeckt sein. Einige dieser Welten sind sogar vulkanisch aktiv. So gibt es auf dem Jupitermond Io Schwefeleruptionen, hervorgerufen durch die Gezeitenkräfte von Jupiter. Andere Monde zeigen sogenannten Kryovulkanismus wie der Jupitermond Europa, der Saturnmond Enceladus oder der Neptunmond Triton. Schließlich nimmt der Saturnmond Titan unter den natürlichen Satelliten der Riesenplaneten eine herausragende Stellung ein. Als einziger Mond im Sonnensystem ist er von einer dichten Atmosphäre umgeben. Dieser Fakt spielt bei der Suche nach Exomonden als weitere Heimat eventuellen Lebens eine große Rolle.

Was die allgemeine Eigenschaft der Monde betrifft, nämlich Begleiter eines Planeten zu sein, haben Raumsondenmissionen unser Wissen stark erweitert: Nicht nur Planeten besitzen dieses Privileg, sondern auch Zwergplaneten und Planetoiden können von Trabanten begleitet werden. So hat Pluto neben dem großen Mond Charon, mit dem er wie Erde und Mond eine Art Doppelplanetensystem bildet, mehrere weitere Monde. Ein eindrucksvolles Beispiel ist auch der nur 60 Kilometer lange Kleinplanet Ida: Er wird vom 1,5 Kilometer kleinen Mond Daktyl umkreist.

Der nur 60 Kilometer lange Asteroid Ida mit seinem 1,5 Kilometer kleinen Mond Daktyl zeigt: Nicht nur Planeten haben einen Mond.

Kryovulkane

Allgemein versteht man unter einem Vulkan einen kegelförmigen, aus verschiedenen Lava- und Aschenschichten aufgebauten Berg, der bei einer Eruption glutflüssiges Erdinneres (Magma) zusammen mit Gasen, Staub sowie größeren und kleineren Gesteinsbrocken fördert. Das Magma ergießt sich dann als zäh- oder schnell fließender Strom zu Tal. Die Raumsondenmissionen zu den äußeren Planeten des Sonnensystems und ihren Monden zeigten aber, dass es auch eine kalte Variante dieses geologischen Phänomens gibt. Solche „Eisvulkane" bilden sich nur bei sehr niedrigen Temperaturen, wie sie auf den äußeren Welten unseres Planetensystems herrschen. Kryovulkanismus wurde auf mehreren Eismonden der Riesenplaneten nachgewiesen: dem Saturnmond Enceladus, dem Neptunmond Triton und dem Plutomond Charon. Vermutet wird er auf dem Jupitermond Europa und dem Saturnmond Titan.

Vulkane dieses Typs fördern keine glutflüssige Lava zu Tage, sondern Substanzen wie Methan, Kohlenstoffdioxid, Wasser oder Ammoniak, die sich in gefrorenem Zustand im Innern dieser Welten befinden. Durch Wärme, die beispielsweise durch Gezeitenkräfte des Mutterplaneten entsteht, werden diese Stoffe geschmolzen und an die Oberfläche gepresst. Das kann in Form von herausquellenden Strömen oder sprudelnden Geysiren geschehen (vgl. Abb. unten).

| Kometen

Die Schweifsterne werden auch als „Vagabunden des Sonnensystems" bezeichnet, und das nicht ohne Grund: Viele Kometen entstammen sehr weit entfernten Regionen des Sonnensystems. Erst dann, wenn sie ihre langgestreckte Bahn in den Bereich der (inneren) Planeten führt, zeigen sie ihren charakteristischen Schweif. Und nach dem Umrunden der Sonne verschwinden diese Körper aus Eis und Staub wieder in den fernen Tiefen des Planetensystems. Neben den einmaligen Besuchern aus der Ferne kennt man aber auch rund 200 Kometen, die der Sonne auf elliptischen Bahnen wiederholt näher kommen. Berühmtester Vertreter dieser Art ist der Halley'sche Komet mit einer Umlaufzeit von 76 Jahren.

Im Vergleich zu Planeten sind Kometen mit wenigen Kilometern Größe winzige Körper. Daher wird ihr Weg durch das Sonnensystem durch die Masse der Planeten beeinflusst. Besonders Jupiter hat so bereits einige Kometen eingefangen, die schließlich im Griff der Gravitation auf den Riesenplaneten gestürzt sind, zum Beispiel der Komet Shoemaker-Levy 9 im Jahr 1994. Dasselbe kann einem Kometen auch bei einem zu nahen Vorbeiflug an der Sonne passieren, wobei er als sogenannter „Sungrazer" (Sonnenkratzer) durch unseren Zentralstern zerstört wird.

Nahaufnahme des Kometen Tschurjumow-Gerasimenko durch die ESA-Raumsonde *Rosetta* im November 2014. Sie zeigt zahlreiche Krater, Ebenen sowie Anzeichen von Eis auf der Oberfläche.

Die größten bekannten Trans-Neptun-Objekte (TNOs)

Dysnomia

Nix

Charon

Namaka

Hydra

Hi'iaka

Eris

Pluto

Makemake

Haumea

Sedna

Orcus

Quaoar

Varuna

Lange Zeit herrschte die Auffassung, dass Pluto die Grenze des Sonnensystems ist, jenseits der nur noch die Kometen ihre Bahn ziehen. Das änderte sich mit der Entdeckung des ersten Transneptun-Objekts 1977, dem zahlreiche weitere folgten. Eris ist wahrscheinlich größer als Pluto.

Jenseits von Neptun

Die Außenbereiche des Sonnensystems bis in eine Entfernung von 50 AE bildet der Kuiper-Gürtel. Neben Pluto ziehen hier weitere Klein- und Zwergplaneten ihre fernen Bahnen. Man spricht auch von „Transneptun-Objekten". Zu ihnen zählen Eris (2300 Kilometer Durchmesser), Haumea (2200 Kilometer), Makemake (1800 Kilometer), Sedna (1700 Kilometer), Orcus (1600 Kilometer), Quaoar und Varuna (je 900 Kilometer). Noch sehr viel weiter entfernt ist die Oort'sche Wolke: Fast auf halbem Weg zum nächsten Fixstern, in 1,5 Lichtjahren Entfernung, wird das Sonnensystem von einer Schale aus Milliarden Kometen umschlossen. Im Bereich der Ekliptik (der Ebene der Erdbahn) geht die Oort'sche Wolke in den Kuiper-Gürtel über (vgl. Abb. Seite 52).

Unsere „galaktische Anschrift"

Damit ist aber nur der lokale Teil unserer kosmischen Adresse festgelegt. Was nun noch fehlt, ist der regionale Teil – also die Position unseres Sonnensystems in der Milchstraße. Unsere Milchstraße ist eine rund 120.000 Lichtjahre durchmessende Balkenspiralgalaxie. Die Sonne mitsamt ihrer Planeten steht etwa 28.000 Lichtjahre vom Zentrum der Galaxis entfernt; sie befindet sich zwischen zwei Spiralarmen, die man von der Erde aus in Richtung der Sternbilder Perseus (Blick zum Rand der Galaxis) und zum Sternbild Schütze (Richtung Milchstraßenzentrum) sehen kann (vgl. Abb. Seite 46).

Hier durchquert unser Sonnensystem zurzeit eine Region, die „Lokale Blase" genannt wird und weitgehend frei von interstellarem Staub ist. Der

Grund ist sehr heißes und extrem verdünntes Gas, hauptsächlich Wasserstoff, welches den interstellaren Staub fern hält. Innerhalb dieser Blase bewegt sich das Sonnensystem durch eine lokale interstellare Wolke, die als lokale Flocke bekannt ist. Seit ca. 100.000 Jahren durchquert

Unser Sonnensystem in Zahlen				
Planet	**Merkur**	**Venus**	**Erde**	**Mars**
Art	Gesteinsplanet	Gesteinsplanet	Gesteinsplanet	Gesteinsplanet
Mittlere Entfernung von der Sonne (Mio. km)	58,6	108,2	149,6	227,9
Durchmesser am Äquator (km) [Erddurchmesser]	4.878	12.104	12.756	6.792
Masse [Erde = 1]	0,06	0,082	1,00	0,11
Mittlere Dichte (g/cm³)	5,427	5,243	5,52	3,933
Achsenneigung	0,0°	-177,3°	23,45°	25,19°
Rotationszeit	58^d 15^h 36^m	243^d 27^m	23^h 56^m	24^h 37^m
Umlaufzeit	87,97 Tage	224,70 Tage	365,26 Tage	686,98 Tage
Oberflächen-temperatur	+467 °C Tagseite, -183 °C Nachtseite	+467 °C [Wolken]	Ø +15 °C	-63 °C
Schwerkraft an der Oberfläche [Erde = 1]	0,37	0,91	1,00	0,83
Anzahl der bekannten Monde	0	0	1	2
Ringe				
Planet	**Jupiter**	**Saturn**	**Uranus**	**Neptun**
Art	Gasriese	Gasriese	Eisriese	Eisriese
Mittlere Entfernung von der Sonne (Mio. km)	778,6	1433,5	2872,5	4509
Durchmesser am Äquator (km) [Erddurchmesser]	14.948 [11,2]	120.536 [9,4]	51.118 [4]	49.528 [3,87]
Masse [Erde = 1]	317,83	95,16	14,54	17,15
Mittlere Dichte (g/cm³)	1,326	0,687	1,27	1,638
Achsenneigung	3,12°	26,73°	97,86°	29,58°
Rotationszeit	9^h 56^m	10^h 39^m	17^h 24^m	16^h 7^m
Umlaufzeit	11,87 Jahre	29,46 Jahre	84,67 Jahre	163,7 Jahre
Oberflächen-temperatur	-108 °C [Wolken]	-139 °C [Wolken]	-215 °C [Wolken]	-201 °C [Wolken]
Schwerkraft an der Oberfläche [Erde = 1]	2,26	0,92	0,86	1,2
Anzahl der bekannten Monde	67	62	27	14
Ringe	ja	ja	ja	ja

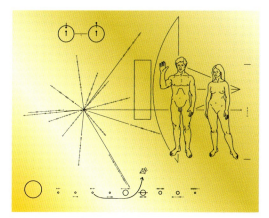

An *Pioneer 10* und *11* weist eine Plakette auf den irdischen Ursprung der Raumsonden hin.

unser Sonnensystem dieses Raumgebiet und wird es voraussichtlich in 10.000 bis 20.000 Jahren wieder verlassen.

Für einen Umlauf um das Zentrum der Galaxis benötigt des Sonnensystem 230 Millionen Jahre. Seit seiner Entstehung vor etwa 4,6 Milliarden Jahren hat die Sonne mit ihrem Planetensystem etwa zwanzig galaktische Umläufe vollendet. Zur Zeit der Dinosaurier befand es sich gerade auf der anderen Seite der Galaxis.

Unsere Milchstraße bildet zusammen mit der Andromeda-Galaxie, der Galaxie im Sternbild Dreieck und rund 30 kleineren Galaxien die sogenannte „Lokale Gruppe". Diese wiederum gehört zum Virgo-Galaxiensuperhaufen, der nach dem zentralen Virgo-Galaxienhaufen in seinem Zentrum benannt ist.

Fazit

Mit der Diskussion und Beantwortung der Fragen über die Natur der Mitglieder des Sonnensystems sowie ihrer Stellung im Kosmos haben wir sozusagen das Standardmodell, mit dem sich Planetensysteme jenseits unseres Sonnensystems vergleichen lassen. Und dabei ist auch der umgekehrte Weg möglich: Aus den gewonnenen Erkenntnissen über Exoplaneten lassen sich Rückschlüsse auf die Welten unseres Sonnensystems ziehen. Exoplanetenforschung ist – und

das zeigt sich immer mehr – keine Einbahnstraße. Doch dazu muss man diese Welten erst einmal finden – und das ist keineswegs so einfach, wie im nächsten Kapitel aufgezeigt wird.

Kosmische Flaschenpost

Im Jahre 1972 starteten die Raumsonden *Pioneer 10* und *11* zur Erforschung des Planeten Jupiter. Da feststand, dass beide Sonden das Sonnensystem verlassen würden, wurden an ihnen auf Initiative des Astronomen und Planetenforschers Carl Sagan (1934–1996) an der Außenseite je eine 15 x 22,5 Zentimeter große vergoldete Aluminiumplatte befestigt. Auf der Platte wurden eingraviert: die Hyperfeinübergänge des Wasserstoffatoms mit einer Wellenlänge von 21 Zentimeter – als Grundeinheit aller auf der Platte dargestellten Längen; die Position des Sonnensystems relativ zu 14 Pulsaren und dem Zentrum unserer Milchstraße; ein Menschenpaar vor dem Hintergrund der Raumsonde sowie die Sonne mit den damals noch neun Planeten und dem Weg der Raumsonde.

Noch raffinierter war die Botschaft bei den später folgenden *Voyager*-Sonden. Sie führen zwei Schallplatten aus Kupfer mit je 30 Zentimeter Durchmesser mit sich. In ihren Rillen sind etwa 100 Bilder der Erde, Grußworte in 55 Sprachen der Welt und verschiedene Musikstücke eingraviert, u. a. Bachs Brandenburgisches Konzert Nr. 2, Louis Armstrongs „Melancholy Blues", Beethovens fünfte Symphonie und Chuck Berrys „Johnny B. Goode". Natürlich wurde auch ein Keramik-Tonabnehmer mit Nadel beigelegt.

Voyager 1 wird in etwa 40.000 Jahren einen Stern im Sternbild Giraffe erreichen, *Pioneer 10* in rund 200.000 Jahren den 10,3 Lichtjahre entfernten Nachbarstern Ross 248 und *Voyager 2* in 358.000 Jahren den Stern Sirius.

4 VERBORGEN IM RAMPENLICHT

Von der Schwierigkeit, Exoplaneten nachzuweisen

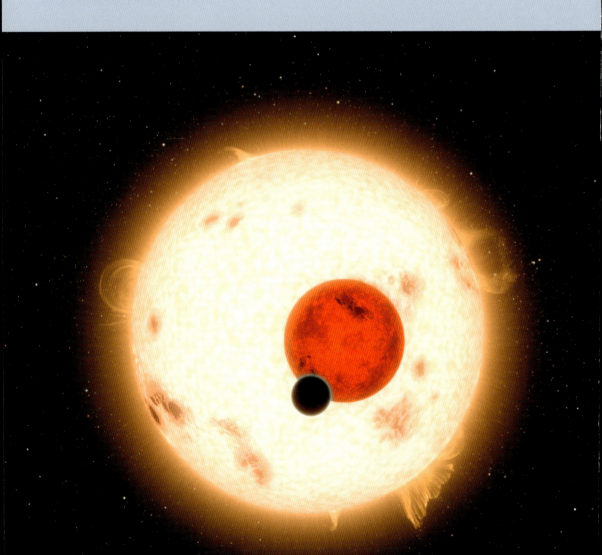

Für die Teleskopbeobachtung sind Exoplaneten Schwächlinge: Im Vergleich zu einem Stern ist ihre Helligkeit viel zu schwach, um neben dem strahlend hellen Sternlicht gesehen werden zu können. Es ist, als ob man eine Taschenlampe neben den Lichtkegel eines Filmscheinwerfers stellt oder ein brennendes Zündholz vor der Feuerwand eines Waldbrandes sehen möchte. Deshalb kann der Nachweis von Exoplaneten nur auf Umwegen geschehen, wofür verschiedene indirekte Methoden angewendet werden – und das mit Erfolg.

Niemand bezweifelt mehr, dass es in unserer heimatlichen Galaxie, ja im gesamten Kosmos, von Exoplanetensystemen und ihren unterschiedlichen Welten nur so wimmelt. Theoretisch kann jeder Stern einen oder mehrere Exoplaneten haben. Und selbst wenn man die Schätzung auf die sonnenähnlichen Fixsterne eingrenzt, sind es immerhin 20 bis 30 Prozent von ihnen, die ein Planetensystem aufweisen können.

Lange Zeit haben die Menschen sich andere Planetensysteme nur vergegenwärtigen können, indem sie entweder philosophierten oder fantasierten. Selbst die Einführung des Fernrohrs als Forschungsinstrument und seine Ergänzung durch die Spektralanalyse und die Fotografie führte, was den Nachweis von Planeten bei anderen Sternen betraf, lange Zeit nicht zum Erfolg.

Technische Hindernisse

Als Begleiter eines Sterns senden Planeten kein eigenes Licht aus, sie werden nur vom Licht ihrer Zentralsonne angeleuchtet. In großer Entfernung vom Beobachter verschmilzt dieses Leuchten mit dem Licht des Muttergestirns. Selbst moderne Teleskope mit dem größten Durchmesser und der besten Trennschärfe sind nicht dazu in der Lage, „Exostern" und Exoplanet im sichtbaren Licht direkt voneinander zu trennen. Bei Sternpaaren, den Doppelsternen, ist dagegen die Auflösung eines scheinbaren Einzelsterns in zwei (oder mehrere) Sterne deutlich einfacher. Denn, wie der Name schon sagt, handelt es sich hier um zwei Sonnen. Voraussetzung ist jedoch, dass das Fernrohr technisch dazu in der Lage ist – also eine entsprechend leistungsfähige Optik und Zusatzgeräte wie hochauflösende Spektrografen besitzt.

Die Existenz von Exoplaneten grundsätzlich abzulehnen, nur weil man sie nicht nachweisen kann, wäre ein vorkopernikanischer Standpunkt gewesen. Denn warum sollte unser Sonnensystem das einzige im Universum sein? Vertreter dieser Meinung sprachen daher diplomatisch von „unwahrscheinlich". Noch im Jahr 1995, kurz bevor der erste Exoplanet entdeckt wurde, schrieb der renommierte US-amerikanische Wissenschaftler David C. Black: „Die Ergebnisse sind bis heute so, dass keine anderen Planetensysteme entdeckt wurden; und das Ausbleiben einer Entdeckung wird allmählich signifikant." Auf jeden Fall einte beide Lager die Hoffnung, dass die Weiterentwicklung der Beobachtungstechnik in dieser Frage einmal eine wie auch immer geartete Entscheidung herbeiführen würde.

Vor fast 60 Jahren waren die technischen Möglichkeiten zweier Verfahren so weit gediehen, dass man Überlegungen anstellen konnte, sie auch für die Suche nach Exoplaneten einzusetzen. Es waren die Transitmethode – die Beobachtung des Vorübergangs eines lichtschwächeren Himmelskörpers vor einem helleren – und die Radialgeschwindigkeitsmethode, d. h. die Messung der Bewegungsgeschwindigkeit von Sternen mit Hilfe spektroskopischer Untersuchungen. Mit beiden müsste es möglich sein, extrasolare Planeten zu finden, vermutete der Astronom Otto Struve (1897–1963) in einem 1952 veröffentlichten Aufsatz in der Zeitschrift *The Observatory*. Doch erst 1995 gelang den Schweizer Astronomen Michel Mayor und Didier Queloz

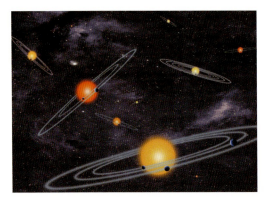

Schematische Darstellung der Bahnen von Exoplaneten, die mit der Transitmethode entdeckt werden können, da sie von der Erde aus gesehen ihren Stern kreuzen.

durch die Untersuchung des Spektrums des Sterns 51 Pegasi mit der Radialgeschwindigkeitsmethode die erste zweifelsfreie Entdeckung eines Exoplaneten (die genaueren Umstände sind in Kapitel 2 beschrieben).

Seitdem wurden – wie bei einem immer mehr Fahrt aufnehmenden Zug – 1888 Exoplaneten in 1187 Systemen gefunden (Stand Anfang 2015). Und es gibt über 2000 Planetenkandidaten (d. h. dunkle Begleiter eines Sterns, bei denen noch nicht feststeht, ob es sich um einen Planeten handelt oder um einen Braunen Zwergstern). Die Anzahl der Neuentdeckungen steigt ständig und rasant. Zwar sind inzwischen die ersten Exoplaneten auf direktem Weg entdeckt worden; aber noch ist das die Ausnahme jener Regel, wonach der Nachweis dieser Welten grundsätzlich nur auf indirektem Weg gelingt.

Nachweismethoden für Exoplaneten

Von den verschiedenen Techniken, die heute den Exoplanetenjägern zur Verfügung stehen und laufend verfeinert werden, hat jede ihre Stärken, jede ihre Schwächen. Daher werden sie oft kombiniert angewendet. Außer der bereits genannten Transit- und Radialgeschwindigkeitsmethode sind es: die Astrometrische Me-

thode, die Gravitations-Mikrolinsen-Methode, die Berechnung gestörter Planetenbahnen, die Lichtlaufzeit-Methode und die direkte Beobachtung, also das Fotografieren von Exoplaneten. Worauf nun basieren diese Methoden, und wie funktionieren sie?

Radialgeschwindigkeitsmethode

Allgemein herrscht die Vorstellung, dass sich im Weltraum ein kleiner Körper um einen größeren bewegt. Der Mond wandert um die Erde, die Erde und die anderen Planeten laufen auf verschiedenen Bahnen um die Sonne. Ebenso kreist in einem Doppelsternsystem eine kleinere Sonne um eine größere. Und Exoplaneten verhalten sich nicht anders.

Doch in Wirklichkeit, mit den Augen der Physik betrachtet, sieht es anders aus: Untersucht man die Bahnverhältnisse unter diesem Blickwinkel ganz genau, stellt man fest, dass sich die Körper um einen gemeinsamen Schwerpunkt (das Baryzentrum) bewegen. Im Erde-Mond-System liegt dieser gemeinsame Mittelpunkt noch im Erdinneren, im Sonnensystem wegen der großen Planeten Jupiter und Saturn zeitweise etwas außerhalb der Sonne. Dagegen befindet sich das Baryzentrum bei einem Doppelsternsystem zwischen beiden Komponenten. Die Wege beider Sterne um diesen Punkt sind wegen der verschiedenen Massen unterschiedlich lang. So legt der massereichere Stern eine wesentlich kleinere Strecke zurück als sein leichterer Partner.

Blickt man von der Erde aus von der Seite auf eine solche Bahn, dann zeigt die periodische Bewegung des Sterns einen Teil, der genau in Sichtrichtung des Beobachters liegt oder von ihm weg führt: die Radialgeschwindigkeit. Sie kann durch genaue Beobachtung des Spektrums festgestellt werden, und zwar durch den sogenannten Dopplereffekt. Dabei verschieben sich die dunklen Spektrallinien entweder in den blauen Bereich, wenn sich der Stern auf den Beobachter zu bewegt, oder in den roten, wenn er sich entfernt. Für einen irdischen Betrachter torkelt der Stern sozusagen, schlingert in winzigen Bewegungen hin und her. Trägt man nun in einem Diagramm die gemessenen Schwankungsbewe-

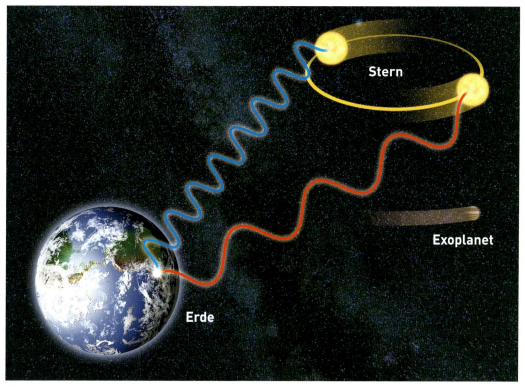

Die Radialgeschwindigkeitsmethode misst die Bewegungsgeschwindigkeit eines Sterns mit einem vermuteten Exoplaneten im Lichtspektrum auf uns zu (blauer Bereich) oder von uns weg (roter Bereich). Das minimale Zerren eines Exoplaneten führt zu Veränderungen in den dunklen Absorptionslinien.

gungen gegen die Zeit auf, so zeigt sich auf diese Weise die Existenz eines an sich unsichtbaren Planeten. Bei Pulsaren mit ihren starken Radiosignalen, die den irdischen Beobachter wie der Scheinwerferkegel eines Leuchtturms treffen, schlägt sich der Einfluss eines Begleiters als Änderung der Zeitdauer zwischen den Strahlungsimpulsen nieder. Dieses Nachweisverfahren eignet sich besonders für massereiche Planeten, die ihren Zentralstern in geringem Abstand umkreisen. Denn je kürzer die Distanz zwischen Planet und Stern ist, umso stärker wirkt sich ihr gegenseitiger Schwerkrafteinfluss aus.

Der Vorteil dieses Nachweisverfahrens liegt darin, dass es gegenüber atmosphärischen Störungen unempfindlich ist und auch bei weit entfernten Sternen angewendet werden kann, sofern diese genügend hell sind. Allerdings – und das ist der Nachteil – erhält der Beobachter durch die Geschwindigkeitsmessungen allein nur einen Wert für die minimale Masse des Begleiters. Um die obere Grenze zu ermitteln und ihn dann entweder als Fels- oder Gasplanet einzuordnen, müssen andere Messmethoden herangezogen werden. Außerdem können Sonnenflecken auf dem Stern oder pulsierende Sterne (siehe „Warum Sterne ihre Helligkeit verändern" auf Seite 77) die Messungen verfälschen. Mit der Radialgeschwindigkeitsmethode wurde 1995 der erste Exoplanet entdeckt.

Astrometrische Methode

Auch sie macht sich für den Nachweis von Exoplaneten die Bewegung des Muttersterns um den gemeinsamen Schwerpunkt zu nutze. Anders als bei der Radialgeschwindigkeitsmethode werden hier die Komponenten *quer* zur Sichtrichtung untersucht. Der Stern scheint durch

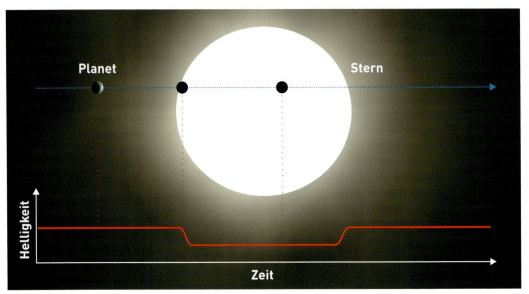

Der Vorübergang eines Exoplaneten vor der Scheibe seines Zentralsterns (Planetentransit) spiegelt sich im Abfall und Anstieg der Helligkeit wider.

die Gravitation des umlaufenden Planeten vor dem Hintergrund anderer Sterne etwas zu „wackeln". Sind die Masse und Entfernung des zu untersuchenden Sterns bekannt, lässt sich auch die Masse des unsichtbaren Planeten angeben. Die astrometrische Methode hat den Vorteil, dass sie verhältnismäßig unempfindlich ist gegenüber Sternflecken und Sternpulsationen. Allerdings ist sie nur für nahe Sterne geeignet (maximal 40 Lichtjahre entfernt) und anfällig gegenüber atmosphärischen Störungen sowie kleinsten Veränderungen am Teleskop. Diese leidvolle Erfahrung musste der aus den Niederlanden stammende Astronom Peter van de Kamp (1901–1995) mit seinen jahrzehntelangen Beobachtungen des Barnard'schen Sternes am Sproul-Observatorium machen – sie hatten sich als Messfehler entpuppt, wie in Kapitel 2 berichtet wird. Mittels der astrometrischen Methode soll in den Messdaten des Satelliten *Gaia* nach Exoplaneten gesucht werden.

Transitmethode
Sie wird auch „Durchgangsmethode" oder „Durchgangsbeobachtung" genannt. Es handelt sich dabei um den Vorübergang eines dunkleren vor einem helleren Himmelskörper, was in der Fachsprache als „Bedeckung" bezeichnet wird. Sie kann durch einen Begleitstern, einen Planeten oder Mond geschehen, wenn der Beobachter von der Erde aus auf die Umlaufbahn von der

Der bekannteste und am besten zu beobachtende Planetentransit ist der Vorübergang der dunklen Venus vor der Sonnenscheibe.

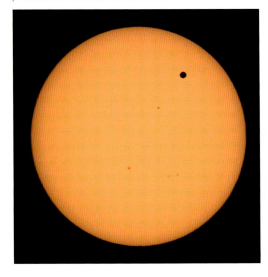

Fraunhofer'sche Linien und Dopplereffekt

Im Spektrum des Sonnenlichtes und der Sterne sind zahlreiche dunkle Linien zu sehen: die Fraunhofer'schen Absorptionslinien. Sie ähneln in ihrer Erscheinung dem Barcode auf Waren, der an der Kasse über den Scanner gezogen wird. Verursacht werden die dunklen Linien von Elementen in den äußeren Schichten des Sterns, die das Sternlicht gleichsam als Fingerabdruck absorbieren. Da die Wellenlänge der auf diese Weise ausgeblendeten Elemente bekannt ist, kann man mit ihrer Hilfe die Zusammensetzung eines Sterns oder der Atmosphäre eines Planeten bestimmen.

Sterne, Planeten und Galaxien stehen aber nicht still im Raum, sondern sind in ständiger Bewegung. Sie drehen sich um sich selbst und wandern um ein wie auch immer geartetes Zentrum. Galaxien entfernen sich großräumig betrachtet aufgrund der Expansion des Universums von uns weg. Das zeigt sich in der Verschiebung der Fraunhofer'schen Linien in den roten Bereich des Spektrums (Rotverschiebung). Sind sie hingegen nach blau hin verschoben, nähert sich das Objekt dem Betrachter an. Das zugrundeliegende physikalische Phänomen wird Dopplereffekt genannt, benannt nach dem österreichischen Physiker Christian Doppler (1803–1853). Der Dopplereffekt macht sich auch im täglichen Leben bemerkbar: Rast ein Polizeiauto oder Krankenwagen mit Sirenengeheul auf uns zu, nehmen wir einen höheren Ton wahr, denn das Fahrzeug bewegt sich in die gleiche Richtung wie die akustische Welle seines Signaltons, die auf unser Ohr zurast. Sie staucht sich zusammen, ihre Frequenz erhöht sich, die Tonlage steigt. Ist das Fahrzeug an uns vorbeigerast, wird der Klang tiefer. Als ob der entschwindende Wagen die Schallwelle auseinanderzöge, streckt sich die Welle, und ihre Frequenz sinkt. Diese Wellen erreichen uns dadurch gedehnt.

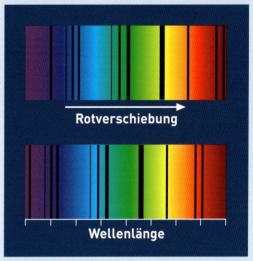

Durch den Dopplereffekt verschieben sich die Linien in einem Sternspektrum; im Falle der Rotverschiebung entfernt sich der Stern von uns.

Beim Licht und bei Radiosignalen ergibt sich ein ähnlicher Effekt – nur stellt er sich eben im Spektrum oder durch eine andere Pulsfrequenz dar und kann unter anderem so für den Exoplaneten-Nachweis genutzt werden.

Zur Eichung des Sternspektrums wird ein Referenzspektrum eingeblendet (hier eine Kette von hellen Punkten).

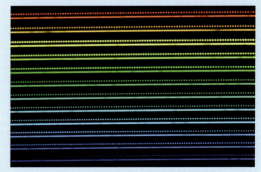

Das automatisierte Suchteleskop „SuperWASP" besteht aus acht Teleobjektiven mit sehr empfindlichen Kameras. In jeder klaren Nacht nimmt es 50 Millionen Messungen von Sternhelligkeiten vor, um Planetentransits zu entdecken.

Seite blickt. Dabei kommt es zu einer periodischen Absenkung der Gesamthelligkeit.

In unserem Sonnensystem werden solche Bedeckungen der Sonne durch den Mond verursacht oder durch die beiden Planeten Merkur und Venus. Im ersten Fall spricht man von einer Sonnenfinsternis (je nach Bedeckungsgrad partiell oder total). Dagegen zeichnen sich Merkur und Venus, wenn sie vor der Sonne vorüberziehen, nur als schwarze Scheibchen vor deren Hintergrund ab, die langsam von Ost nach West für mehrere Stunden die Sonnenscheibe queren. Diese sehr seltenen Ereignisse werden Merkur- oder Venustransit genannt (der nächste Merkurtransit findet am 9. Mai 2016 statt, ein Venustransit erst wieder am 11. Dezember 2117).

Ebenso kann beobachtet werden, wie der Mond bei seiner Wanderung über den Himmel manchmal Sterne bedeckt. Auch Planetenmonde werden von der Erde aus gesehen durch ihren Mutterplaneten bedeckt, wenn sie während ihres Orbits auf die Rückseite des Planeten gelangen. Dieses Phänomen lässt sich sehr schön bei den Jupitermonden beobachten. Bei einer Sternbedeckung durch den Planeten Uranus wurden im Jahr 1977 dessen Ringe gefunden.

Bei den bedeckungsveränderlichen Sternen beobachtet man am Himmel einen Stern, dessen Helligkeit in festem Zeitabstand etwas abnimmt. Hier umlaufen sich zwei Sterne – ein enges Doppelsternpaar --, wobei mal der eine vor den anderen tritt. Bestes Beispiel dafür ist Algol im Sternbild Perseus. Seine Lichtwechselperiode beträgt 2 Tage, 20 Stunden, 48 Minuten und 56 Sekunden. Die Doppelsternnatur dieser Bedeckungsveränderlichen kann mit der auf Seite 68 beschriebenen Methode der Radialgeschwindigkeitsmessung ermittelt werden.

Es war folglich logisch, dieses Phänomen der Gestirnsbewegung ebenfalls für den Nachweis von Exoplaneten nutzbar zu machen, denn ein dunkler Begleiter würde auch zum Abfall der Gesamthelligkeit des Muttersterns führen. Um diese minimale Helligkeitsveränderung zu messen, bedarf es aber hochgenauer Fotometrie. Wie stark die Helligkeit abnimmt, wird durch das Größenverhältnis von Planetenscheibe gegenüber der Sternscheibe bestimmt. So ist eine solche Beobachtung in unserem Sonnensystem kein Problem, denn Venus und Sonne sind, unter astronomischen Verhältnissen gesehen, nicht weit von der Erde entfernt. Sie haben damit einen großen scheinbaren Durchmesser, auch wenn die Sonnenhelligkeit während der Venus-Passage am 8. Juni 2004 im Schnitt nur etwa ein Zehntausendstel geringer war als im Normalzustand. Dagegen schattet der größte Planet Jupiter das Sonnenlicht um ungefähr ein Prozent ab.

Würde also jemand auf einem Planeten außerhalb unseres Sonnensystems versuchen, mit unseren Beobachtungsinstrumenten einen Merkur- oder Venustransit und den dadurch hervorgerufenen Helligkeitsabfall des Sonnenlichtes zu verfolgen, hätte er keine Chance, die Existenz dieser Planeten nachzuweisen. Und auf einen Transit von Jupiter vor der Sonne muss man bis zu 12 Jahre lang warten, ehe er für einige Stunden das Sonnenlicht etwas abschwächt.

Mit dieser Methode, die heute die wichtigste der Planetenjagd ist, können aber recht kleine Planeten nachgewiesen werden. Und bei Planeten mit kurzen Umlaufzeiten, die mit anderen Methoden aufgespürt wurden, kann sie zusätzliche Informationen liefern. Allerdings ist nur in einem von hundert Fällen die Bahnebene des Planeten so angeordnet, dass der Planet, von uns aus gesehen, die Scheibe seines Zentralgestirns passiert. Deshalb muss eine große Zahl von Sternen untersucht werden. Ferner dauert die Helligkeitsabnahme unter Umständen Stunden, so dass rund um die Uhr beobachtet werden muss. Das ist nur mit einem globalen Netz von Messstationen möglich oder vom Weltraum aus.

Doch das geschieht mit großem Erfolg: Heute können die Exoplanetenforscher diese Messungen mit Hilfe terrestrischer Teleskope wie SuperWASP oder wesentlich genauer durch Satellitenteleskope durchführen. Anfang 2005 gelang mit dem Spitzer-Weltraumteleskop im Infrarotlicht der Nachweis einer sekundären Bedeckung eines exosolaren Jupiterplaneten, der seinem Stern immer dieselbe Seite zuwendet,

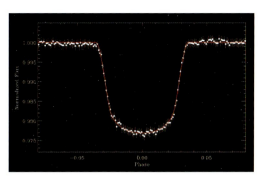

Gemessene Lichtschwächung eines Exoplanetentransits. Deutlich ist der Abfall des gemeinsamen Sternenlichts zu erkennen, während der dunkle Exoplanet die Scheibe seines Zentralsterns passiert. Die große Empfindlichkeit der Messungen erkennt man an der gut ausgeprägten Kurve.

durch den Zentralstern. In diesem Fall zog der Planet hinter seinem Stern vorbei. Lichtkurven des riesigen heißen Jupiterplaneten CoRoT-1b zeigen zusätzlich Schwankungen um 0,0001 mag, die als Lichtphase des Planeten interpretiert werden.

Transit des Exoplaneten Corot-1 b vom Typ Heißer Jupiter vor seinem Mutterstern. Die enge Umlaufbahn erklärt auch den Begriff „Hot Jupiter" (künstlerische Darstellung).

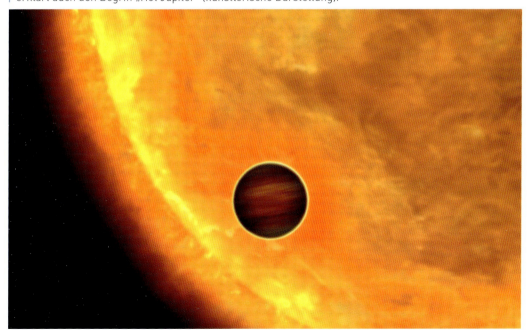

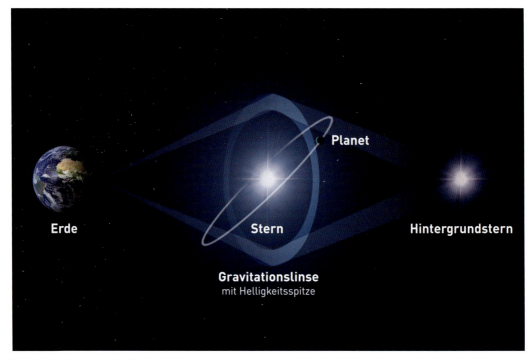

Erde **Planet** **Stern** **Hintergrundstern**

Gravitationslinse
mit Helligkeitsspitze

Die Mikrolinsenmethode: Große Massen krümmen durch ihre Gravitation den Raum. Steht ein Stern mit Exoplanet zwischen der Erde und dem Hintergrundstern, wird das Licht des weiter entfernten Sterns vom näheren wie durch eine Linse gebündelt. Ein Exoplanet beim näheren Stern verändert diese Lichtbündelung: Die Helligkeitskurve zeigt eine charakteristische Spitze.

Mikrolinsenmethode

Gemäß Albert Einsteins Allgemeiner Relativitätstheorie beeinflussen Massen den sie umgebenden Raum. Er wird dabei wie eine Gummiunterlage durch eine Metallkugel eingedellt. Im Schwerefeld der Sonne zum Beispiel führt das zur Lichtablenkung von Hintergrundsternen. So erscheinen bei totalen Sonnenfinsternissen die Sternpositionen nahe dem verdunkelten Scheibenrand verschoben, was man auch hat nachweisen können. Eine andere Auswirkung dieser Raumkrümmung besteht darin, dass, wenn sich eine große Masse zwischen einen Beobachter und eine weiter entfernte Lichtquelle schiebt, deren Licht durch die Gravitation des Transitkörpers gebündelt wird. Dadurch erscheint die entfernte Lichtquelle während des Durchganges etwas heller. Einen solchen Körper, ganz gleich ob Stern, Planet oder Brauner Zwerg, der dieses Phänomen der Lichtbündelung verursacht,

nennt man in Analogie zu einer Glaslinse eine Gravitationslinse. Zahllose weit entfernte Sterne spielen dabei die Rolle von Hintergrundlampen.

Ist der Transitstern ohne Planet, so nimmt die Verstärkung des Hintergrund-Sternenlichts systematisch zu, wenn der Transitstern seine Passage des Hintergrundobjekts beginnt, erreicht ihr Maximum während des Vorbeiziehens und fällt gegen Ende entsprechend ab. Je nach der Masse des als Linse wirkenden Sterns kann ein solches Ereignis zwischen Tagen und Wochen dauern. Wird nun der vorbeiziehende Stern von einem Planeten umkreist, dann wird diese Symmetrie der Helligkeitsveränderung durch den Planeten gestört. Die registrierte Helligkeitsverlaufskurve erhält dann eine charakteristische Spitze. Ein solches Ereignis wurde 2003 beobachtet.

Mit Hilfe der Gravitationslinsenmethode lässt sich ein unsichtbarer Begleiter identifizieren, und so können auch isolierte dunkle Körper aufgespürt werden. Der Vorteil der Mikrolinseneffekt-Methode liegt darin, dass sich mit diesem Verfahren auch sehr kleine (erdgroße) Planeten nachweisen lassen sowie isolierte Planeten entdeckt werden können; außerdem eignet es sich sehr gut, um statistische Aussagen über die Häufigkeit von Planeten zu treffen.

Allerdings – und das ist ihr Nachteil – muss der Transit-Stern in einer Achse mit einem Hintergrundobjekt liegen und vom Beobachter aus gesehen so nahe vor dem Hintergrundstern vorbeiziehen, dass dessen Hintergrundlicht deutlich verstärkt wird. Da diese Anordnung äußerst zufällig ist, ermöglicht sie nur eine Messung,

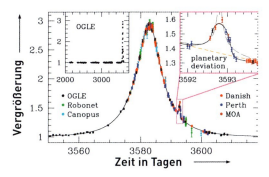

Lichtkurve eines Gravitationslinsenereignisses, aufgenommen von OGLE. Die kleine Spitze rechts unten wurde durch den Exoplaneten verursacht.

Bedeckungen im Sonnensystem

Damit es im Sonnensystem zu einem Planetentransit kommt, müssen zwei Bedingungen erfüllt werden:

1. Unsere Erde und der Transitplanet müssen im Weltraum mit der Sonne eine Linie bilden, und zwar Sonne – Transitplanet – Erde. In der Fachsprache wird diese Anordnung als „untere Konjunktion" bezeichnet. Ein innerhalb der Erdbahn um die Sonne laufender Planet kann dann in bestimmten Abständen vor der Sonnenscheibe als dunkler Punkt vorüberziehen.

2. Die Planeten müssen während der unteren Konjunktion auch auf „gleicher Höhe" mit der Sonne stehen, sich also in der Nähe der Erdbahnebene aufhalten. Ansonsten läuft der Transitplanet ober- oder unterhalb der Sonnenscheibe vorbei, was bei einer unteren Konjunktion die Regel ist.

Auch eine Sonnenfinsternis ist im Grunde ein Transit, in diesem Fall aber ein Durchgang des Neumonds vor der Sonne. In den meisten Fällen zieht der Mond unbemerkt an der Sonne vorbei, da seine Bahn gegenüber der Erdbahn um fünf Grad geneigt ist. Nur dann, wenn er sich nahe genug der Erdbahnebene befindet und gleichzeitig Neumond ist, findet eine Sonnenfinsternis statt. Umgekehrt gilt

dies auch für Mondfinsternisse, wobei hier der Vollmond hinter die Erde tritt und in den Erdschatten eintaucht. Die Schnittpunkte der Mondbahn mit der Ebene der Erdbahn (der Ekliptik) werden „Mondknoten" genannt. Und die Position der Mondknoten verändert sich von Jahr zu Jahr, so dass Sonnen- und Mondfinsternisse recht seltene Ereignisse sind. So fand die letzte totale Sonnenfinsternis für Mitteleuropa am 11. August 1999 statt, und die nächste wird erst wieder am 3. September 2081 zu beobachten sein. Weitaus häufiger sind partielle Sonnenfinsternisse und Mondfinsternisse zu sehen, die aber nicht ganz so faszinierend sind.

Für die nicht weniger seltenen Planetentransite kommen von der Erde aus gesehen nur die innerhalb der Erdbahn um die Sonne laufenden Planeten Merkur und Venus in Frage. So ereignet sich ein Merkurtransit 13- bis 14-mal pro Jahrhundert und ein Venustransit alle 130 Jahre zweimal mit einem Abstand von acht Jahren (der nächste findet erst 2117 statt). Darüber hinaus könnten auch von anderen Planeten, außer vom Merkur, Planetentransite verfolgt werden, etwa ein Erd-Transit vom Mars aus oder der Jupiterdurchgang von Saturn aus gesehen.

und ein auf diese Weise gefundener Planet lässt sich nicht weiter untersuchen. Deshalb muss ständig eine große Zahl von Sternen beobachtet werden. In Zahlen ausgedrückt: Rund eine Million Sterne müssen durchmustert werden, um durchschnittlich eines dieser Ereignisse aufzuspüren. Es ist die sprichwörtliche Suche nach der Stecknadel im Heuhaufen. Auf der anderen Seite sind auf diese Weise aber auch Beobachtungen bei weit entfernten Sternen möglich.

Berechnung gestörter Planetenbahnen

Diese indirekte Beobachtungsmethode setzt bereits bekannte Exoplaneten voraus. Besitzt ein Exo-Sonnensystem mehrere Planeten, so ziehen sie sich gegenseitig über die Gravitation an, was deren Bahnen leicht verändert, wie oben bereits erwähnt wurde. Ein Beispiel für den Erfolg dieser Methode ist eine im Januar 2008 von einem spanisch-französischen Forscherteam eingereichte Arbeit, die über Computersimulationen berichtet, welche die Existenz eines Planeten namens GJ 436 c anhand von Störungen in der Bahn des benachbarten Planeten GJ 436 b nahelegen. Er soll nach diesen Berechnungen eine Masse von fünf Erdmassen haben.

Lichtlaufzeit-Methode

Sie bedient sich des in einem genauen Zeitabstand eintreffenden Signals, das von einem Zentralstern oder einem zentralen Doppelstern ausgesendet wird. Werden sie von einem Planeten umlaufen, so verschiebt sich durch den Einfluss von dessen Gravitation der Schwerpunkt des Sternsystems. Dadurch kommt es zu einer zeitlichen Verschiebung bei den periodischen Signalen. Dieses Phänomen ist bei Pulsarpulsen, den Maxima einiger pulsationsveränderlicher Sterne sowie den Minima bedeckungsveränderlicher Sterne gegeben. Die Lichtlaufzeit-Methode ist entfernungsunabhängig, aber stark beeinflusst von der Genauigkeit des periodischen Signals. Auf diese Wiese wurde der erste Exoplanet bei einem Pulsar (PSR 1275+12) gefunden.

Künstlerische Darstellung des Planeten PSR 1257+12, der 1990 vom polnischen Astronomen Aleksander Wolszczan entdeckt wurde. Dieser Exoplanet umläuft einen Neutronenstern.

Warum Sterne ihre Helligkeit verändern

Bei einem flüchtigen Blick zum Himmel scheinen Sonne und Sterne ständig gleich hell zu leuchten. Doch dieser Eindruck täuscht. Zum einen wissen wir, dass Sterne eine Entwicklung durchlaufen, die Milliarden oder auch nur einige zehntausend Jahre währen kann, und dass sich im Rahmen dieser Zeitspannen Leuchtkraft und Helligkeit ändern. Jedoch reicht unsere Lebenszeit nicht aus, um diesen Prozess direkt zu verfolgen. Wir können nur aus der Beobachtung verschiedener Sterne in unterschiedlichen Zuständen darauf schließen, um so Schlüsse auf die Gesamtentwicklung eines Sterns zu ziehen und entsprechende Modelle zu erstellen. Auch unsere Sonne hat solche Helligkeitsveränderungen durchgemacht, und es werden in ferner Zukunft weitere folgen.

Schaut man sich am nächtlichen Himmel mit seinen für das bloße Auge rund 3000 erkennbaren Sternen genauer um, wird man den einen oder anderen Stern finden, dessen Helligkeit in einem Zeitraum von Stunden, Tagen oder Jahren schwankt. Solche Sterne werden als Veränderliche Sterne bezeichnet. Damit ist aber nicht das Flimmern gemeint, es geht hier um physikalische Prozesse des Lichtwechsels. Außer den im Haupttext beschriebenen Bedeckungsveränderlichen gibt es noch folgende Klassen:

Rotationsveränderliche
Dazu zählen Sterne, die ihre Helligkeit im Zeitraum der Eigendrehung verändern. Es sind zum Beispiel eng benachbarte Mitglieder eines Doppelsternsystems, die durch die wechselseitig wirkende Gravitation elliptisch verformt werden. Sie zeigen für den irdischen Beobachter eine unterschiedliche Helligkeit, je nachdem, ob der längere oder kürzere Teil des Ovals in seine Richtung weist. Als zweites Beispiel wird der Lichtwechsel durch die ungleichmäßige Helligkeitsverteilung auf der Sternoberfläche ausgelöst. Ursache dafür können große Sternflecken (ähnlich den Sonnenflecken) sein, bzw. thermisch oder chemisch ungleiche Verhältnisse, die durch das Magnetfeld des Sterns hervorgerufen werden.

Pulsationsveränderliche
Diese Sterne dehnen periodisch ihre äußeren Schichten aus und ziehen sich wieder zusammen. Mit steigendem Durchmesser vergrößert sich die Oberfläche, der Stern kühlt ab und seine Farbe ändert sich. Prominentester Vertreter der Pulsationsveränderlichen ist Mira im Sternbild Walfisch mit einer Lichtwechselperiode von etwa 330 Tagen.

Eruptiv-Veränderliche
Hier handelt es sich um Sterne mit Helligkeitsausbrüchen, die von thermonuklearen Reaktionen auf der Oberfläche oder im Sterninnern verursacht werden. Sie können aber auch durch eine den Stern umgebende Gas- oder Staubscheibe (Akkretionsscheibe) verursacht werden. Die meisten eruptiv-Veränderlichen bestehen aus einem weißen Zwergstern, der Materie von einem Begleiter bekommt.

Die wechselnden Helligkeiten eines Veränderlichen Sterns prägen dessen Lichtkurve.

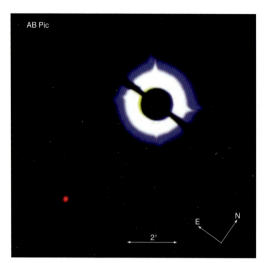

Der Stern AB Pictoris wurde für diese Aufnahme am 16. März 2003 mit einer Blende abgedeckt und damit dessen kleiner roter Begleiter links unten sichtbar gemacht.

Diese Aufnahme des VLT zeigt einen Exoplaneten (der rote Punkt), der den Braunen Zwerg 2M1207 (in der Bildmitte) umkreist. 2M1207b ist der erste Exoplanet, der direkt abgebildet werden konnte, und auch der erste, den man um einen Braunen Zwerg gefunden hat. 2M1207b ist ein jupiterähnlicher Planet, jedoch fünfmal massereicher.

Direkte Beobachtung

Natürlich wäre es am schönsten, könnte man einen Exoplaneten direkt beobachten, und so ist dies das angestrebte Highlight der Exoplanetenjagd. Um ein Bild eines extrasolaren Planeten zu erhalten, wird im infraroten Bereich des Lichtes beobachtet. Denn hier sind die Kontrastverhältnisse zwischen Stern und Exoplanet besser als im sichtbaren Bereich. Zudem wird das störende Licht des Sterns durch eine kleine Blende abgedeckt.

In der irdischen Sonnenforschung werden solche Koronografen mit einer Kegelblende eingesetzt, um die Sonnenscheibe abzudecken und so eine Art künstliche totale Sonnenfinsternis zu erzeugen. Auf diese Weise lassen sich Vorgänge in der sonst unsichtbaren Korona untersuchen, zum Beispiel Protuberanzen. Auf dem Sonnensatelliten SOHO kommt diese Technik zum Einsatz und hat zahlreiche spektakuläre Bilder der Sonneneruptionen geliefert. Bei Beobachtungen extrasolaren Planeten vom Erdboden aus muss zudem mit adaptiver Optik gearbeitet werden, um die Verzerrungen durch die Erdatmosphäre zu verringern.

Die technischen Herausforderungen sind gewaltig. So kommen im Erde-Sonne-System auf ein von der Erde reflektiertes Photon zehn Milliarden solare Photonen; und im Infraroten beträgt das Verhältnis immer noch eins zu zehn Millionen. Die Methode des „direct imaging" kann sowohl bei den größten erdgebundenen Teleskopen wie dem VLT der ESO als auch bei Weltraumteleskopen wie Hubble eingesetzt werden. Sie funktioniert am besten bei Systemen, wo die Planeten in sehr großem Abstand um ihren Stern kreisen. Mit ihr können außerdem Planeten aufgespürt werden, die gerade erst entstanden und noch nicht abgekühlt sind. Sie leuchten in dieser Phase viel heller.

Und der Erfolg lohnt die Mühe, wie nachfolgende Übersicht zeigt:
- 10. September 2004: Die ESO meldet die möglicherweise erste direkte Aufnahme eines Planeten beim Braunen Zwerg 2M1207, der 225 Lichtjahre entfernt ist. Nachfolgemessungen mit dem Hubble-Weltraumteleskop 2006 konnten ihn bestätigen (siehe Abb. oben und oben rechts).

Künstlerische Darstellung eines Braunen Zwerges als Zentralstern, wie er von dem Exoplaneten 2M1207b umkreist wird. Braune Zwerge sind zu klein und zu kalt, um Sterne zu sein, aber zu warm und zu massereich für Planeten.

In der Staubscheibe um den Stern Fomalhaut wurde ein Exoplanet entdeckt. Zwei Aufnahmen von Hubble im Abstand von zwei Jahren zeigen dessen Bewegung.

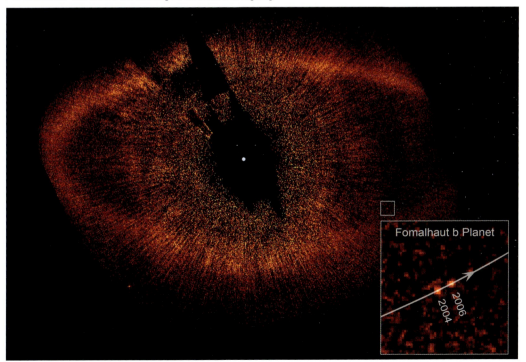

Fomalhaut b Planet

2006
2004

b: Juli 2004   c: Juli 2004

d: Juli 2008

_____ 0,5 Bogensekunden
20 AE

Gemini Observatory / NRC / AURA / Christian Marois, et al.   *Gemini Observatory Legacy Image*

Aufnahme des von den Observatorien Gemini-Nord und Keck entdeckten Exoplanetensystems um den 130 Lj entfernten Stern HR 8799 im Sternbild Pegasus.

31. März 2005: Eine Arbeitsgruppe des Astrophysikalischen Instituts der Universitätssternwarte Jena gibt bekannt, einen Planeten von nur ein- bis zweifacher Masse des Planeten Jupiter gefunden zu haben, und zwar bei dem unserer Sonne ähnlichen aber mit einem Alter von rund zwei Millionen Jahren erheblich jüngeren Stern GQ Lupi. Auch diese Beobachtung wurde mit dem Very Large Telescope der ESO im infraroten Spektralbereich vorgenommen.

14. November 2008: Der bis dato beste direkte Nachweis wird bekannt gegeben. Zwei Aufnahmen des Hubble-Weltraumteleskops aus den Jahren 2004 und 2006 zeigen einen sich bewegenden Lichtpunkt auf einer Kepler-Bahn. Es ist der Planet Fomalhaut b (vgl. Abb. auf Seite 79 unten). Er umkreist seinen Mutterstern in 113 AE Entfernung, was der Zwölffachen Distanz zwischen Sonne und

Künstlerische Darstellung des oben links genannten Planetensystems. Die noch jungen Planeten sind sieben- bis zehnmal so massereich wie Jupiter. Sie senden besonders viel Wärmestrahlung aus, was zu ihrer Entdeckung im Infrarot führte.

Saturn entspricht. Der Orbit liegt am inneren Rand eines Staubgürtels, der Fomalhaut umgibt. Der Planet ist – so die Angaben seiner Entdecker – das bisher kühlste und kleinste Objekt, das außerhalb unseres Sonnensystems abgebildet werden konnte. Fomalhaut ist der hellste Stern im Sternbild Südlicher Fisch, 25 Lichtjahre von der Erde entfernt und hat die doppelte Masse der Sonne.

- Fast zur gleichen Zeit meldeten die Astronomen des Gemini-Nord- und des Keck-Observatoriums, dass es ihnen gelungen sei, ein ganzes Planetensystem um den 130 Lichtjahre entfernten Stern HR 8799 im Sternbild Pegasus abzubilden (vgl. Abb. linke Seite). Auf den im infraroten Licht und mittels adaptiver Optik gewonnenen Aufnahmen sind deutlich drei Planeten zu sehen, deren Massen sieben bis zehn Jupitermassen betragen sollen. Der Abstand der Exoplaneten zu ihrem Mutterstern beträgt 25, 40 und 70 Astronomische Einheiten. Ihr geschätztes Alter beträgt 60 Millionen Jahre, womit sie noch jung genug sind, um selbst Wärmestrahlung abzugeben.

Diese Entdeckungen geben zu Optimismus Anlass, in Zukunft nicht nur weitere Exoplaneten auf diesem Weg nachzuweisen, sondern auch das Spektrum ihrer Atmosphären fotografieren zu können.

Fazit

Da Exoplaneten sehr weit entfernte, sehr lichtschwache Himmelskörper sind und vom Licht ihres Muttersterns hoffnungslos überstrahlt werden, lassen sie sich in der Regel nur auf indirektem Weg nachweisen. Die direkte Beobachtung eines Exoplaneten ist wegen der großen technischen Herausforderungen erst spät von Erfolg gekrönt gewesen und immer noch die große Ausnahme. Mit den zukünftigen Teleskopen werden schärfere Aufnahmen möglich sein. Und wenn es eines Tages gelänge, das Spektrum eines außersolaren Planeten im Detail abzubilden, wird sie für die Suche nach außerirdischem Leben eine unschätzbare Hilfe sein.

Das Hubble-Weltraumteleskop

Im Mai 2009 wurde das Weltraumteleskop zum letzten Mal gewartet.

Das am 25. April 1990 gestartete und in 575 Kilometern Höhe kreisende Hubble Space Telescope (HST), deutsch Hubble-Weltraumteleskop genannt (benannt nach dem US-amerikanischen Astronom Edwin P. Hubble), ist nicht nur das berühmteste, sondern auch populärste Weltraumobservatorium. Seine unzähligen eindrucksvollen Bilder faszinieren die breite Öffentlichkeit immer wieder aufs Neue. Die NASA selbst bezeichnete es als „die beste PR-Maschine, die wir je gebaut haben." Dabei wäre seine Mission durch einen zu spät erkannten Schleiffehler des 2,47 Meter durchmessenden Hauptspiegels anfangs fast gescheitert. Der Fehler konnte jedoch durch das Einsetzen einer Korrekturoptik 1993 erfolgreich behoben werden. Überhaupt ist dieses Teleskop sehr servicefreundlich ausgelegt. Deshalb konnte es mit fünf Wartungsmissionen durch das Space Shuttle (STS-61, STS-82, STS-103, STS-109 und STS-125) nicht nur auf den neusten technischen Stand gebracht werden, sondern es wurden auch neue Beobachtungsmöglichkeiten erschlossen. Spätestens im Jahr 2018 soll das HST durch das James Webb Space Telescope abgelöst werden. Sein 6,5 Meter durchmessender Hauptspiegel wird Licht im Infrarotbereich untersuchen – ideal für die Suche nach Exoplaneten.

5

VOM HEISSEN JUPITER BIS ZUR ZWEITEN ERDE

Planeten um andere Sterne und deren Steckbriefe

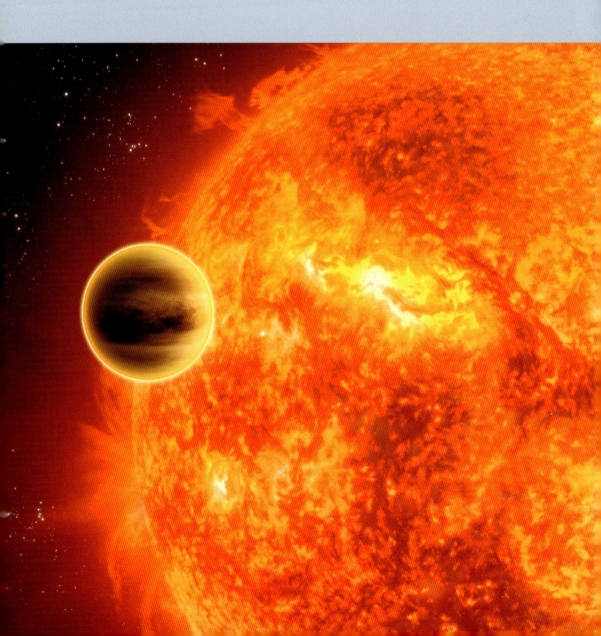

Zuerst sind Fachleute erfreut darüber, wenn sich ihre Theorien endlich durch die Entdeckung eines Beweisstücks bestätigen. Doch dann wollen sie Genaueres wissen, um eine solide Arbeitsgrundlage zu haben. Mit ihrer Hilfe können sie die Theorie ausbauen und so zu neuen Erkenntnissen, aber auch zu neuen Fragen gelangen. Bei der Exoplanetenjagd war das nicht anders: Sie hat nach der Entdeckung der ersten Exemplare den Forschern eine Fülle überraschender Erkenntnisse gebracht, aber auch neue Fragen aufgeworfen.

Die im Sternbild Pegasus gelegene Sonne namens 51 Pegasi – Heimat des ersten entdeckten Exoplaneten – ist 50 Lichtjahre von der Erde entfernt und hat eine scheinbare Helligkeit von 5,5 mag. In klaren Nächten ist sie mit bloßem Auge gerade noch zu erkennen. 51 Peg ist wie unsere Sonne ein Gelber Zwerg (Spektraltyp G2 V). Mit einem Alter von rund acht Milliarden Jahren ist 51 Pegasi fast drei Milliarden Jahre älter als unsere Sonne. Auch ist seine Masse vier bis sechs Prozent höher als die unseres Tagesgestirns und weist einen größeren Anteil an schwereren Elementen auf, da die Wasserstoffvorräte von 51 Pegasi sich langsam ihrem Ende zuneigen.

Erster „Heißer Jupiter"

Der Planet 51 Pegasi b hat 0,46 Jupitermassen und übertrifft damit die Masse der Erde um das 150-fache. Er braucht nur rund vier Tage, um einmal um seine Sonne zu wandern. Auf die Erde übertragen, hieße das, dass eine Jahreszeit nur einen Tag dauern würde.

Berechnungen haben ergeben, dass seine Distanz zum Zentralgestirn nur 0,05 astronomische Einheiten (AE) oder 7,5 Millionen Kilometer beträgt, was etwa dem Zwanzigstel der Distanz zwischen Erde und Sonne entspricht. Vergleicht man den Abstand von 51 Pegasi b zu seiner Sonne mit dem unseres sonnennächsten Planeten Merkur, so ist dieser mit 58 Millionen Kilometer fast achtmal so weit von der Sonne entfernt.

Die Oberfläche von 51 Pegasi b dürfte ein sehr ungemütlicher Ort sein, man geht von einer Temperatur um 980 °C aus. Weitere Detaildaten liegen nicht vor, obwohl es der am längsten bekannte Exoplanet ist. Doch aus den Messwerten lassen sich Schlüsse und Spekulationen ziehen: Die hohen Temperaturen unter niedrigem Druck führen dazu, dass das in großen Mengen vorhandene Eisen verdampft, um dann auf der sonnenabgewandten Seite als glühendes Metall herabzuregnen. Ob dieses dramatische Szenarium wirklich so existiert, ist fraglich. Die derzeit gängige Meinung ist, dass es sich bei 51 Pegasi b um einen jupiterähnlichen Gasriesen handelt, der durch seine Nähe zum Stern starker Strahlung und extremen Gezeitenkräften ausgesetzt ist. Er wurde dann auch gleich zum Musterbeispiel einer neuen Exoplanetenklasse gekürt, deren Bezeichnung „Hot Jupiter" lautet.

Ein derart sonnennaher Riesenplanet sorgte bei den Astrophysikern auch deshalb für erhebliche Aufregung, weil das den gängigen Modellen widerspricht, die auf der Grundlage des Sonnensystems erarbeitet wurden. Demnach kann ein Riesenplanet nur in den kühlen Außenbereichen der protoplanetaren Scheibe entstehen, also jenseits der sogenannten Schnee- oder Frostgrenze, die bei uns in der Region der Jupiterbahn angesiedelt ist. In der heißen Nähe des Sterns reicht weder die Zeit noch die Materiemenge aus, um Riesenwelten dieser Art entstehen zu lassen. Die Entstehung von 51 Pegasi b wird heute von den meisten Astrophysikern mit der sogenannten Migrationstheorie beschrieben. Nach ihr wird ein Riesenplanet in ausreichender Entfernung vom jungen Stern geboren, wandert aber dann durch die Wechselwirkung mit der protoplanetaren Scheibe an den Stern heran, um sich später wieder zu entfernen – wahrscheinlich haben

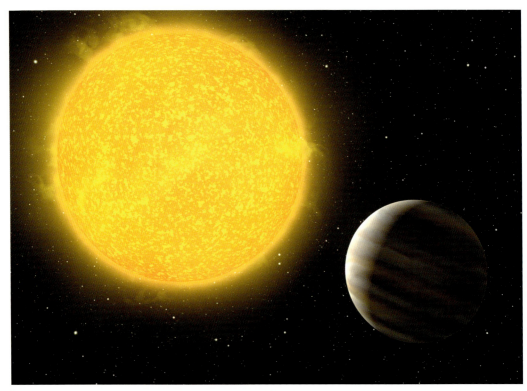

Der von Studenten der niederländischen Universität Leiden entdeckte Exoplanet OGLE-TR-L 9 b ist von fünffacher Jupitermasse und umläuft seinen Zentralstern in etwa 1,5 Tagen.

sich Jupiter und Saturn in der Frühzeit unseres Sonnensystems genauso verhalten. Beweisen lässt sich das freilich nicht, und es werden auch alternative Theorien in die Diskussion gebracht, die eine Entstehung der Heißen Jupiter nahe dem Mutterstern für möglich halten.

Eigenschaften der Heißen Jupiter

Darüber hinaus weisen die Hot Jupiter noch eine ganze Reihe weiterer unverwechselbarer Gemeinsamkeiten auf, von denen einige Beispiele nachfolgend genannt werden. Sie lassen sich aus der Beobachtung und Entdeckungsgeschichte von 51 Pegasi b ableiten und sind bei anderen Planeten dieser Klasse bestätigt worden:

- Wegen der engen Umlaufbahn können Heiße Jupiter mit der Transitmethode von der Erde aus mit größerer Wahrscheinlichkeit aufgespürt werden als das bei Planeten mit ausgedehnteren Orbits der Fall ist.

- Sie lassen sich im Vergleich zu anderen Exoplaneten am leichtesten mit der Radialgeschwindigkeitsmethode nachweisen; denn da sie ihren Mutterstern auf einer sehr engen Bahn umlaufen, rufen sie bei der Messung, verglichen mit anderen Planeten, eine starke und schnelle Oszillation des Zentralgestirns hervor.

- Einige umlaufen ihren Zentralstern in einem Abstand von nur einem Sternradius. Dadurch sind sie in ausgedehnte Gaswolken gehüllt. Gleichzeitig werden sie durch den von ihrer Sonne ausgesandten Strom elektrisch geladener Teilchen, dem sogenannten Sternwind (das Pendant zum Sonnenwind), an ihrer Oberfläche durch Hitzeeinwirkung erodiert. Dadurch wird ihre Atmosphäre derart aufgeheizt, dass sie die Schwerkraft des Planeten überwinden kann und in den freien Weltraum entweicht.

- Für einen Umlauf brauchen diese Planeten zwischen ein bis fünf Tage; ihre Massen übersteigen selten das Doppelte des solaren Jupiter.
- Der starke Einfall der Sonnenstrahlung wegen ihres geringen Abstands zum Zentralgestirn hat eine geringere Dichte dieser Planeten zur Folge.
- Hot Jupiter wenden ihrem Zentralgestirn immer dieselbe Seite zu, sie zeigen eine gebundene Rotation, wie wir sie auch bei unserem Mond beobachten können. Eine Umdrehung des Planeten dauert exakt so lang wie ein Umlauf um den Zentralstern.

Weitere Beispiele für Heiße Jupiter sind neben 51 Pegasi b – der inzwischen auf den Namen Bellerophon getauft wurde – der Planet mit der Katalognummer HD 209458 b, auch Osiris genannt, sowie die Exoplaneten in den Systemen HD 195019 und HD 198733 (siehe Abbildung Seite 82).

Exoplanet HD 209458 b vor seinem Stern, den er im Abstand von nur 6,9 Millionen Kilometer umkreist. Durch den geringen Abstand zum Stern bildet die Atmosphäre des Planeten einen Schweif.

Die Jumping-Jupiter-Theorie

Es gibt neben der Migrationstheorie den Ansatz, die Existenz heißer Riesenplaneten auf enger Bahn um den Mutterstern durch die sogenannte Jumping-Jupiter-Theorie zu erklären. Nach ihr kommt es in einem Planetensystem mit mehreren Gasriesen zu gravitativer Wechselwirkung und infolgedessen zu Bahnänderungen.

Computersimulationen haben jedoch gezeigt, dass dies mit katastrophalen Folgen verbunden wäre: Diese reichen von instabilen Bahnen über Kollisionen der Planeten untereinander bis hin zum Extremfall, dass sie aus dem Planetensystem hinauskatapultiert werden. Angesichts dieser Ergebnisse gilt die Entstehung der Hot Jupiter auf diese Weise als unwahrscheinlich.

Ein anderer Ansatz ist die planetare Migration. Hier führen die Wechselwirkungen während der Entstehung eines Planeten zwischen ihm und der protoplanetaren Scheibe zu Bahnänderungen. Mit der Migrationstheorie lassen sich Bahnverkleinerungen beim Jupiter und Saturn sowie Bahnvergrößerungen bei Uranus und Neptun während der Entstehungsphase und ihre heutige Position erklären. Die Migrationstheorie ist in der Fachwelt allgemein anerkannt, doch es ist eben nur eine Theorie, die aus Mangel an direkten Beobachtungsmöglichkeiten noch nicht eindeutig bewiesen werden konnte.

Supererden

Diese umgangssprachliche Bezeichnung steht für die zweite Gruppe der großen Exoplaneten. Sie richtet sich allein nach der Masse dieser Welten: Als „Supererde" gilt, was mindestens so schwer wie die Erde ist, aber leichter als der Planet Uranus, also ein Bereich von ein- bis vierzehnfacher Erdmasse.

Ein Vergleich Erde – Supererde zeigt deutlich den Größenunterschied zwischen einem so bezeichneten Exoplaneten und unserer Heimatwelt. Supererden zeichnen sich durch eine viel größere Masse aus.

Eine Aussage über die Oberflächenbeschaffenheit oder Bewohnbarkeit des Planeten ist damit nicht verbunden – auch wenn der Begriff den Gedanken nahelegt, dass solche Planeten wie die Erde von einer Atmosphäre umgeben sind, sie gemäßigte Temperaturen haben, große Wassermengen in den verschiedensten Aggregatzuständen (vor allem flüssig) vorhanden sind und der Planet ausreichend Sonnenlicht bekommt. Wäre das nicht der Fall, dann würde die Supererde als kalter Planet nur wenig Gas verlieren und zu einem Gasplaneten werden. Aber man hat auch Planeten dieser Klasse in der habitablen Zone gefunden: Sie befinden sich in einem Abstand von ihrem Zentralstern, wo es weder zu heiß noch zu kalt ist und deshalb Wasser in flüssigem Zustand vorkommen kann. Dies gibt Anlass zur Hoffnung, dass es auf der ein oder anderen Supererde wirklich zur Entwicklung erdähnlicher Zustände gekommen ist.

Die ersten 1992 von Wolszczan und Frail um den Pulsar PSR 1257+12 entdeckten Supererden entsprechen der vorangegangenen Kriterienbeschreibung nach Masse. Der Zentralstern wird von vier Trabanten umkreist; und die beiden äußeren Planeten des Systems haben rund vier Erdmassen. Sie sind also zu klein, um sie den Gasplaneten zuzuordnen.

Die erste Supererde, die um einen Hauptreihenstern kreist, wurde 2005 mit der Radialgeschwindigkeitsmethode entdeckt. Ihr Zentralstern heißt Gliese 876 und liegt 15 Lichtjahre von der Erde entfernt im Sternbild Wassermann. Es handelt sich um einen Roten Zwerg der Spektralklasse M4 V mit einem Durchmesser von etwa einem Drittel unserer Sonne. Sein Planetensystem besteht aus mindestens drei Exoplaneten, von denen zwei jupiterähnliche Gasriesen sind. Der dritte, die Supererde, hat die Bezeichnung Gliese 876 b erhalten. Ihre Masse beträgt nach Schätzungen mindestens das Sechsfache der Erde und die Umlaufzeit nur zwei Tage. Die Temperatur an der Oberfläche wird auf 200 bis 400 °C geschätzt. Der Bahnradius von rund drei Millionen Kilometer entspricht etwa einem Zwanzigstel des Bahnradius von Merkur.

Typen von Supererden

Durch verbesserte Instrumente und raffiniertere Forschungsmethoden lassen sich heute vier verschiedene Typen von Supererden unterscheiden, und zwar je nach Sonnenabstand sowie den Oberflächenverhältnissen.

- Die **Gesteinsplaneten** umkreisen ihr Zentralgestirn in geringer Entfernung, aber gerade noch in der habitablen Zone. Die felsige Oberfläche eines Gesteinsplaneten wird wahrscheinlich konturlos und wüst sein, es sei denn, es existiert flüssiges Wasser und Leben. Ist dieser Gesteinsplanet von seinem Innern her genauso aufgebaut wie die Erde, wird der Mantel aus Silikatgestein bestehen, aber wahrscheinlich dicker sein. Ob es die irdische Erscheinung der Plattentektonik gibt, hängt von den Schwerkrafteinflüssen des Muttersterns und den Eigenschaften des Kerns ab. Er sollte etwa ähnlich dem der Erde sein und hauptsächlich aus Eisen bestehen.

- **Lebensfreundliche Supererden** wären diese riesigen, „erdähnlichen" Planeten dann, wenn sie sich in der Mitte der habitablen Zone befinden. Nur hier sind Licht und Wärme in jenem Maß vorhanden, um Wasser flüssig zu halten. Ihre Kruste wäre wie die irdische unter den Ozeanen dünner und unter den Kontinenten dicker. Die ozeanische Kruste würde sich aus dichteren Gesteinsarten wie Basalt zusammensetzen, die kontinentale hingegen aus felsischem Gestein

Parade der möglichen Erscheinungsbilder von Supererden. Auch wenn sie in dieser Illustration im äußeren Erscheinungsbild unserer Erde ähneln, sagt das noch nichts über ihre Oberflächenbeschaffenheit oder Bewohnbarkeit aus.

wie Quarz. Der Mantel wäre am dicksten und bestünde aus magnesium- sowie eisenreichen Silikaten. Der Kern wäre zweigeteilt, und zwar einmal in einen festen inneren sowie flüssigen äußeren Kern. Beide wären hauptsächlich aus Eisen und Nickel aufgebaut. Weitere Bedingungen für diese Art Planeten wären eine Atmosphäre mit Gasen, die Leben ermöglicht, wie wir es kennen, sowie gemäßigte Temperaturen. Eine Atmosphäre würde die zwischen der Tag- und Nachtseite auftretenden extremen Temperaturunterschiede kompensieren, falls der Planet eine gebundene Rotation hätte, wie das bei all jenen Exo-Riesenplaneten der Fall ist, die ihren Mutterstern in zu kleinem Abstand umlaufen.

- **Wasserwelten** stehen sozusagen am anderen Ende der Supererdenskala. Forscher vermuten beim rund 40 Lichtjahre entfernten Planeten GJ 1214 b, dass hier eine Welt existiert, deren Masse zu mehr als 75 Prozent aus Wasser besteht. Es umschließt den felsigen Kern, dazu kommen dicke Schichten aus Helium und Wasserstoff. Möglicherweise kann es sich bei GJ 1214 b auch um einen Mini-Neptun handeln, also einen kleinen, dichten Planeten, der neben Wasserstoff und Helium als Hauptbestandteile auch Wasser und Methan aufweist und groß genug für eine Supererde ist. Auf jeden Fall wäre die Oberfläche einer kalten Wasserwelt von einem Eispanzer bedeckt, unter dem sich möglicherweise eine Schicht Wasser befindet. Bei wärmeren Wasserwelten käme es durch das verdunstende Wasser zu einem sehr starken Treibhauseffekt. Ein Planet dieser Art bestünde möglicherweise aus zwei Schichten – einem inneren Felsmantel und einem äußeren Eismantel, dessen Eis nicht unbedingt die niedrigen Temperaturen haben muss wie das irdische.

Erden im Großformat

Ganz gleich, ob wasserreich oder nicht: Die Supererden pressen durch ihre Dimension ihr Inneres mit unvorstellbar hohem Druck zusammen, und zwar nach dem Motto: Je größer die Masse, desto höher ist die Dichte. So könnte das Felsgestein sogar härter werden als Diamant. Damit stellt sich als nächstes die Frage, ob eine Supererde geologisch genauso ruhelos ist wie die Erde oder fast statisch wie der Mars.

Bei Beobachtungen an einem Dreifach-Planetensystem, das einer vergrößerten Version unseres eigenen Sonnensystems ähnelt, wurde erstmals direkt das Spektrum eines Exoplaneten aufgenommen.

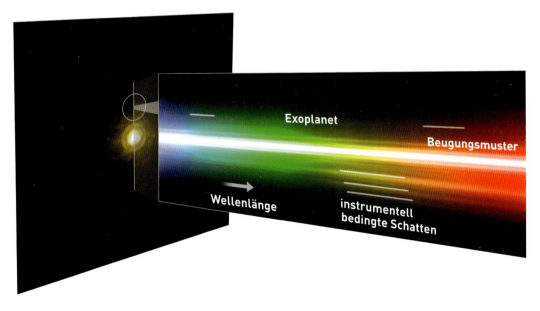

Auf der Erde gibt es die Erscheinung der Plattentektonik. Sie hält die Kruste unseres Planeten mit ihren Schollen in ständiger Bewegung und verändert deren Oberfläche permanent durch Vulkanismus und Erdbeben. Ursache sind die Konvektionsströme des Erdmantels: Heiße Materie steigt an bestimmten Stellen (Spreizungszonen) unter den Platten der Erdoberfläche auf, gibt Wärme ab und sinkt an anderen wieder abgekühlt in die Tiefe. Es ist wie bei einem Topf auf einer Herdplatte, in dem Wasser erhitzt wird, nur dass die Wärme im Falle der Erde Restwärme aus der Entstehungszeit des Planeten ist und zum anderen Teil vom Zerfall radioaktiver Elemente stammt.

Felsige Supererden weisen diese Konzentration radioaktiver Wärmequellen möglicherweise noch in viel höherem Maße auf. Somit wird wahrscheinlich mehr Wärme produziert, und es herrscht auch eine viel stärkere Mantelkonvektion. Die wiederum wirkt sich auf die Oberfläche aus. Durch das kräftigere Umrühren des Mantelmaterials kommt es auf größeren Planeten zu dünneren Krustenplatten. Anders als auf der Erde bleibt dem aufsteigenden Material nicht genügend Zeit, bei seiner Wanderung in Richtung Subduktionszonen abzukühlen und dabei dicker zu werden. Konvektion auf größeren Planeten – so zeigen es Rechenmodelle – erzeugt stärkere Kräfte und verläuft somit rascher. Da die Platten dünner sind, wie gerade geschildert, können sie leichter verformt werden. Auf der anderen Seite jedoch führt die stärkere Gravitation zu mehr Druck auf die Verwerfungen, was deren Widerstand gegen Verschiebung erhöht. Zukünftigen Exoplaneto-Geologen böte sich ein interessantes Forschungsfeld. Doch damit nicht genug: Die lebhafte Plattentektonik auf den Supererden erhöht auch deren Bewohnbarkeit, denn:

Auf der Erde wird die Atmosphäre durch die geologische Aktivität – insbesondere den Vulkanismus – ständig mit Kohlendioxid und anderen Gasen angereichert. Es reagiert dann mit Kalziumsilikat zu Kalziumkarbonat und Siliziumoxid. Diese Stoffe gelangen schließlich als Sedimente auf den Meeresboden. Von dort werden sie, wenn die ozeanische Kruste wieder per Subduktion abtaucht, in den Erdmantel

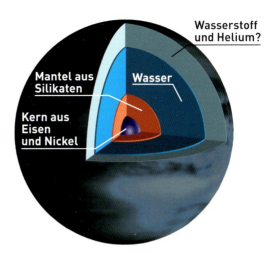

Innerer Aufbau einer Wasser-Supererde. Ihre Masse besteht zu mehr als 75 Prozent aus Wasser. Es umschließt den felsigen Kern; dazu kommen dicke Schichten aus Helium und Wasserstoff.

mitgenommen. Auf diese Weise wird dieser Bereich des Erdinnern erneut mit Kohlenstoff angereichert, der später zum Teil wieder zurück in die Atmosphäre gelangt. Was sich hier abspielt, ist der sogenannte Kohlenstoff-Silikat-Zyklus. Durch ihn wird nicht nur das Krustenmaterial erneuert, sondern wie mit einem Thermostat auch die Oberflächentemperatur reguliert. Er hielt bei uns über Jahrmilliarden die Temperaturen auf einem Niveau, sodass flüssiges Wasser existieren konnte. Und ähnlich recycelt die Plattentektonik permanent auch andere Mineralien und Gase, die für das Leben wichtig sind. Das gilt besonders für energiereiche Chemikalien wie Schwefelwasserstoff, welcher vor Auftauchen der Fotosynthese als Energielieferant gedient haben könnte.

Durch die stärkere Konvektion vollzieht sich auf den Supererden die Entstehung und Vernichtung der Krustenplatten in viel kürzeren Zeitspannen; auch der Kohlenstoffzyklus verläuft schneller. So sind Supererden möglicherweise sogar besonders lebensfreundlich. Weiterhin wird durch ihre größere Masse verhindert, dass Atmosphäre und Wasser ins Weltall entweichen. Das ist für Planeten wichtig, die ihren Stern enger umkreisen als Mars die Sonne.

Wie entstehen Exoplaneten?

Bevor die ersten Exoplaneten entdeckt wurden, ging man davon aus, dass sich die Entstehung dieser außersolaren Welten mit der Entstehungstheorie unseres Sonnensystems erklären ließe; denn die Gesetze der Physik und Astronomie gelten ja im gesamten Universum. Danach müssten die Exoplanetensysteme große Ähnlichkeiten mit unserem Sonnensystem zeigen – und entsprechende Simulationen schienen das auch zu bestätigen.

Die Entstehung unseres Sonnensystems wird mit dem sogenannten Kernakkretionsmodell erklärt. Es beschreibt alle wesentlichen Eigenschaften unseres Sonnensystems mit Hilfe weniger physikalischer und chemischer Grundprinzipien. So kann mit ihm begründet werden, warum alle Planeten die Sonne in derselben Richtung umlaufen, warum ihre Bahnen fast kreisrund sind und in oder nahe der Äquatorebene des Sterns liegen; warum die vier inneren Planeten (Merkur, Venus, Erde und Mars) vergleichsweise kleine, dichte Welten sind und sich vor allem aus Gestein und Eisen zusammensetzen; und warum dagegen die vier äußeren Planeten (Jupiter, Saturn, Uranus und Neptun) sogenannte Gasriesen sind, die viel massereicher sind und sich hauptsächlich aus Wasserstoff und Helium zusammensetzen.

Als Mitte der 1990er Jahre die ersten extrasolaren Planeten gefunden wurden, mussten die Astronomen feststellen, dass diese Welten nicht viel gemein haben mit denen unseres Sonnensystems. So kreisen Jupiterplaneten nahe um ihren Zentralstern, obwohl sie nach dem Kernakkretionsmodell das gar nicht dürften. Andere bewegen sich auf stark elliptischen Bahnen, und wiederum andere um die Pole ihres Muttersterns. Es schien, als ob Planetensysteme jede erdenkliche Form besitzen konnten, solange diese die Gesetze der Physik nicht verletzten.

Mit dem Start des *Kepler*-Weltraumobservatoriums stieg die Zahl der möglichen Exoplaneten schnell in die Tausende, und die nun erstellten Statistiken gaben keinen Grund mehr, das Kernakkretionsmodell als Standarderklärung für extrasolare Systeme zu nehmen. Viele Exoplanetensysteme sehen nicht nur ganz anders aus als unser Planetensystem, sondern der am häufigsten beobachtete Planetentyp „Supererde" kommt in unserem Sonnensystem überhaupt nicht vor. Dagegen umkreisen Supererden mindestens 40 Prozent aller benachbarten sonnenähnlichen Sterne.

Neues Denken ist deshalb angesagt und schlägt sich auch schon in zahlreichen kontroversen Diskussionen nieder. So versuchen die Astronomen jetzt herauszufinden, woran es mit der alten Theorie hapert. Tröstlich ist, dass das Kernakkretionsmodell einige Aspekte richtig beschreibt: Planeten formen sich aus den Überresten einer Sterngeburt, die sich als gewaltige Gas- und Staubwolken rund um den neuen Stern erstrecken. Der Großteil der interstellaren Gasmassen wird im Zentralstern so lange „verbaut", bis dort die Kernfusion zündet. Der restliche Teil bildet aufgrund der Rotation eine flache Scheibe um den Zentralkörper. Nach ihrer Abkühlung verklumpen sich die winzigen, aus schweren Elementen bestehenden Staubkörner, sie wachsen zu Planetesimalen heran, die sich wiederum zu stattlichen Planeten formen. Aus dem Rest bilden sich Zwergplaneten, Planetoiden und Kometen. Je nach Abstand vom Zentralstern entstehen durch die unterschiedlichen Temperaturen in seinen nahen Bereichen die Gesteinsplaneten, weiter draußen die Gas- und Eisriesen. Doch während die beiden unterschiedlichen Gruppen der Gesteins- und Gasplaneten in unserem Sonnensystem nach ihrer stürmischen Geburt an festgefügten Plätzen verharren, ist diese Ordnung in den Exoplanetensystemen total durcheinander, wie anfangs in diesem Kasten beschrieben. Und so stellt sich die Frage, wie sich diese Vielfalt an Planetensystemen in der Theorie berücksichtigen lässt.

Eine Lösung besteht darin, das herkömmliche Kernakkretionsmodell durch Prozesse zu ergänzen, die sich nicht in unserem Sonnensystem abgespielt haben. Zu ihnen zählt die Migration der Riesenplaneten, wie sie auf Seite 83 bereits beschrieben wurde. Was dagegen noch nicht geklärt ist: Warum der „Schwarm" der Supererden so groß ausfällt. Hier kann die Standardtheorie wenig helfen, denn nach den bestehenden Modellen gibt es im Innenbereich der protoplanetaren Scheiben viel zu wenig Baumaterial, um mehrere Supererden entstehen zu lassen. Doch auch dieses Problem lässt sich umgehen: Man nimmt für kompakte Systeme mit Supererden eine zirkumstellare Scheibe mit mehr Masse an und konzentriert sie näher an den Stern. In dieser Scheibe wachsen in den mittleren bis äußeren Bereichen alle Planetentypen zu ihrer vollen Größe heran und bewegen sich erst dann nach innen.

Der junge Stern HD 100546 wird von einer Scheibe aus Gas und Staub umgeben. Der orange Punkt markiert die Position eines Exoplaneten.

Allerdings gibt es Zweifler an diesem „Alleskönnermodell", und zwar besonders, was die kleinen Planeten und ihre Wanderung betrifft; denn dieses Phänomen ist bisher noch nicht beobachtet worden. Wahrscheinlich ist das auch gar nicht möglich, da sich wandernde Planeten nur bei sehr jungen Sternen finden – und die sind noch von allerhand Staub umgeben.

Die Generalfrage mit ihren Teilfragen aber lautet: Warum hat unser Sonnensystem mit den anderen so wenig Ähnlichkeit? Warum gibt es in ihm keine Supererde, die ja den häufigsten Planetentyp bei sonnenähnlichen Sternen darstellt? Warum gibt es innerhalb der Merkurbahn keine Planeten, wo doch in diesem Bereich in Exosonnensystemen die meisten Planeten anzutreffen sind? Und warum gibt es bei uns die gleiche Anzahl großer und kleiner Planeten, wenn in den meisten extrasolaren Planetensystemen die eine oder andere Gruppe dominiert? Vielleicht liefern zukünftige Exoplanetensuchmissionen wie der für 2017 von der NASA geplante Transiting Exoplanet Survey Satellite (TESS) mit noch besseren Geräten die Antwort, indem sie das Spektrum extrasolarer Planetensysteme noch mehr erweitern. Darunter könnte sich dann doch ein Sonnensystem mit einer Weltenhierarchie und der Anordnung ihrer Körper befinden, wie sie in unserem eigenen Sonnensystem herrscht.

So könnte es auf der Oberfläche des Exoplaneten Gliese 667 c aussehen. Er umkreist einen roten Zwerg-stern, der Teil eines Dreifachsternsystems ist, was zu faszinierenden Sonnenaufgängen führt.

Topografie einer Supererde

Wie könnte nun die Landschaft auf einer festen Supererde aussehen? Wahrscheinlich würde uns auf den ersten Blick alles recht vertraut vorkom-men, abgesehen von Anzeichen für Leben. Was die Auswirkungen geologischer Prozesse angeht und damit die Topografie, würden wir Kontinen-te, Gebirge, Vulkane, Meere sowie eine Atmo-sphäre mit allen meteorologischen Erscheinun-gen antreffen.

Wir würden bei der Untersuchung der Kon-tinentaldriftgeschwindigkeit feststellen, dass sich die Krustenplatten bis zu zehnmal schnel-ler bewegen als die irdischen; dass die Gebirge auf dieser terrestrischen Superwelt in höherem Tempo wachsen und erodieren und sich wegen der größeren Schwerkraft nicht so hoch in ih-ren Himmel erheben – vielleicht hätten sie nur Mittelgebirgsdimensionen. Und wahrscheinlich ist die dortige Luft anders zusammengesetzt,

denn die vulkanische Aktivität einer Supererde ist viel stärker, und es entweichen aufgrund der höheren Gravitation weniger Gase ins Weltall. Leider werden wir wohl erst in ferner Zukunft unsere Nase sprichwörtlich direkt in diese Ange-legenheit stecken können.

Supererden-Statistik

Aus all diesen Gründen unternehmen die Exo-planetenforscher sämtliche Anstrengungen, die Supererden mit Hilfe immer leistungsstärkerer, optimal positionierter Fernrohre und noch ge-nauer arbeitender Spektrografen zu sezieren. Und „Material" dazu haben sie genug: Immerhin hat das Weltraumobservatorium *Kepler* wäh-rend seiner von 2009 bis 2013 dauernden Missi-on knapp 700 Supererden entdeckt, von denen rund 50 potenziell lebensfreundlich sind. Sie gilt es nun, auf ihre Lebensfreundlichkeit hin zu un-tersuchen.

Exoplaneten-Klassengesellschaft

Die beschriebenen Beispiele von Exoplaneten zeigen die „klassische" Einteilung, wie sie zu Beginn der Suche vorgenommen wurde, und zwar in

- Gesteinsplaneten: erdähnliche – terrestrische – Felsplaneten, die im Fall mehrerer Erdmassen als „Supererden" bezeichnet werden, und
- Gasriesen: Darunter fallen die jupiterähnlichen Planeten, die, wenn sie sich in großer Nähe ihres Muttersterns befinden, „Hot Jupiters" genannt werden oder als neptunähnliche, sternnahe Planeten mit der Bezeichnung „Hot Neptunes".

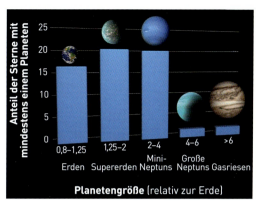

Die Häufigkeit von Exoplaneten relativ zu ihrer Größe. Kleine und mittelgroße Planeten kommen deutlich häufiger vor als Gasriesen von mindestens Jupitergröße.

Prüfraster für Exoplaneten

Eine Sammel- und Checkliste dafür gibt es, und zwar in Form des Erdähnlichkeits-Index (Earth Similarity Index, kurz ESI) sowie des Planeten-Bewohnbarkeits-Index (Planetary Habitability Index, PHI). Sie wurden 2011 von Mitarbeitern des Planetary Habitability Laboratory (PHL) der Universität von Puerto Rico vorgeschlagen. In Form zweier Raster sollen sie es den Forschern ermöglichen, unter den zahlreichen Neufunden schnell die astrobiologisch interessanten Planeten herauszufiltern. Die Kataloge enthalten Kriterien wie die Eigenschaften der Planeten, die für ein Lebewesen wichtig sein könnten. Das sind zum Beispiel die Oberflächentemperatur, die Masse und der Radius, weiterhin das Vorhandensein von Flüssigkeiten sowie eines festen Gesteinskerns.

Nach diesem Schema würde ein extrasolarer Erdzwilling beim Erdähnlichkeits-Index den Wert 1,0 erreichen. Der Mars – die im Sonnensystem erdähnlichste Welt – bekäme den Wert 0,7; und die Venus – obwohl in Masse und Radius der Erde fast gleich und oft als die kleinere wolkenverhangene Schwester des blauen Planeten bezeichnet – erhielte

wegen ihrer hohen Oberflächentemperatur nur einen Wert von 0,44.

Unter den bisher bekannten Exoplaneten gibt es folgendes Ranking. Auf den vorderen Plätzen liegen drei Welten des Sonnensystems Gliese 581: die Planeten g, d, und c. Sie kommen auf einen ESI von 0,89, dann 0,74 und 0,7. Und von den über 1000 weiteren Exoplaneten-Kandidaten, die das Weltraumteleskop *Kepler* aufgespürt hat, befinden sich mehrere mit einem ESI von mindestens 0,7.

Da den Forschern die Konzentration auf erdähnliche Planeten jedoch zu eng erscheint, haben sie einen sogenannten Bewohnbarkeits-Index entwickelt. Er soll helfen, die Frage zu beantworten, ob auf Exoplaneten Bedingungen vorhanden sind, unter denen völlig fremde Lebensformen existieren können. So soll verhindert werden, dass interessante Planeten durch das Raster fallen. Es kann nämlich durchaus sein, dass sich Leben beispielsweise auch in flüssigen Kohlenwasserstoffen entwickelt hat, oder auf einem ohne Sonne durch die weiten und tiefen Räume der Milchstraße einsam dahinvagabundierenden Planeten, kurz „Planemo" genannt.

Da sich diese Klassifikation für viele Forscher als zu ungenau erwies, zumal sie die Gruppe der Planemos (vgl. Kasten S. 96) nicht erfasste, wurde eine differenziertere Einteilung nach der Zusammensetzung der Exoplaneten vorgenommen. Sie unterscheidet zwischen fünf grundsätzlichen Arten von Exoplaneten:

- **metallosilikatischen** Planeten (ähnlich Merkur oder Erde),
- **silikatischen** (ähnlich wie die Jupitermonde Io oder Europa und unser Mond),
- **hydrosilikatischen** (ähnlich dem Jupitermond Ganymed, dem Saturnmond Titan und dem Zwergplaneten Pluto), und

Wie Exoplaneten benannt werden

Es ist ein tiefes Bedürfnis des Menschen, Dingen seiner Umwelt – seien es Gegenstände oder Lebewesen – eine Bezeichnung und, wenn sie ihm sehr vertraut sind, einen Namen zu geben. Die Astronomie ist davon nicht ausgenommen. So tragen die Planeten des Sonnensystems Namen griechisch-römischer Götter; viele Hauptsterne der Sternbilder wurden von den Arabern, die ja das Erbe der griechischen Astronomie antraten, mit Namen aus ihrer Sprache versehen. Später kam die Bezeichnung der anderen hellen Sterne mit griechischen Buchstaben auf. Aber auch das reichte wegen der vielen Entdeckungen mit den immer leistungsfähigeren Fernrohren nicht mehr aus. Das Ergebnis sind umfangreiche Sternkataloge.

Daher griffen die Astronomen zu Buchstaben- und Ziffernkombinationen, was bis heute beibehalten wird. Eine bekannte ist „M 31". Hier steht der Großbuchstabe für den von Charles Messier 1771 erstellten Katalog der Nebelobjekte und die Ziffer für das von ihm beobachtete und registrierte Objekt. Hinter der Bezeichnung M 31 verbirgt sich die Andromeda-Galaxie. Sie trägt noch eine zweite Bezeichnung, NGC 224, also das 224. im *New General Catalogue* aufgeführte Objekt.

Bei den Exoplaneten ist die Systematik der Benennung ähnlich: Sie werden mit dem Namen bzw. der Katalogbezeichnung ihres Zentralsternes sowie einem angehängten Kleinbuchstaben in der Reihenfolge ihrer Entdeckung versehen. Geschieht die Untersuchung von einem satellitengestützten Weltraumobservatorium aus, bekommt der Zentralstern dessen Namen. Ihm wird noch eine Ziffer angehängt, die angibt, der wievielte auf diese Weise untersuchte Stern es ist.

So besagt beispielsweise die Bezeichnung „CoRoT-4", dass es sich um den vierten Sternkandidaten für Exoplaneten handelt, der mit dem Weltraumobservatorium *CoRoT* untersucht wurde. Werden dann bei diesem Stern Planeten gefunden, bekommen sie in der Reihenfolge ihres Aufspürens einen Kleinbuchstaben des Alphabets. Sie beginnt mit „b", denn der erste Buchstabe des Alphabets ist immer für den Mutterstern reserviert (er wird aber stillschweigend weggelassen). Somit bedeutet also der Exoplanetenname „CoRoT-4 b", dass es sich um den ersten Exoplaneten handelt, der um den vierten von dem Weltraumobservatorium *CoRoT* untersuchten Exoplanetenkandidaten-Stern kreist. Ein anderes Beispiel wäre „Gliese 876 d", die auf Seite 93 genannte Supererde. Hier bezieht sich „Gliese" auf den von Wilhelm Gliese verfassten Katalog sonnennaher Sterne.

Die Bezeichnung für den allerersten entdeckten Exoplaneten PSR 1257+12 b besagt, dass es sich um einen Exoplaneten handelt, der einen Pulsar umkreist. Seine Koordinaten lauten: Rektaszension 12^h57^m und Deklination +12 Grad. Die Buchstaben PSR stehen als Abkürzung für „Pulsating Source of radio emission", was auf Deutsch übersetzt „pulsierende Radiostrahlungsquelle" bedeutet.

Nicht nur Exoplaneten wie die Supererden könnten lebensfreundliche Bedingungen bieten, sondern auch Exomonde, die um einen Riesenplaneten kreisen, wie auf diesen Illustrationen dargestellt ist.

- **Eisplaneten** (ähnlich dem Saturnmond Enceladus, der nur einen geringen Silikatanteil hat), sowie den
- **Gasriesen**, wie es Jupiter und Neptun sind. Diese werden noch einmal in verschiedene Untergruppen geteilt, je nachdem welche Wolkenzusammensetzung sie haben (z. B. Methan, Ammoniak oder Wasserdampf), und welche „Oberflächentemperatur" sie aufweisen.

Exomonde

Wenn es Superplaneten in den Exoplanetensystemen gibt, warum nicht auch Exomonde, auf denen Leben möglich wäre? Damit gemeint sind Trabanten um Riesenplaneten mit einer Atmosphäre und den Oberflächenbedingungen, die Leben ermöglichen. Als Beispiel für die mögliche Existenz von Exomonden wird wieder unser Sonnensystem genommen, wo die Gasriesen Jupiter und Saturn (aber auch die Erde) von massiven Monden begleitet werden. Unter ihnen nimmt der Saturnmond Titan eine ganz besondere Stellung ein. Als einziger Mond im Sonnensystem besitzt er eine Atmosphäre, die darüber hinaus so zusammengesetzt ist wie die Uratmosphäre der Erde.

Zwar steht bisher der Nachweis eines Exomondes noch aus, denn sie sind noch lichtschwä-

cher als ihr Mutterplanet, und ihr Lichtsignal würde sich bei einem Transit kaum bemerkbar machen. Zu ihrer Detektion sind deshalb noch viel empfindlichere Messgeräte als bei der Exoplanetensuche selbst nötig. Andererseits geben die Verhältnisse in unserem Sonnensystem Anlass zur Vermutung, dass auch die Exo-Gasriesen eine Vielzahl von Exomonden besitzen könnten, darunter Exemplare mit erdähnlichen Dimensionen. Theoretisch erwartet man folgende Kategorien von Exomonden:

- **Heiße Exomonde** befinden sich mit ihrem Mutterplaneten zu nahe am Zentralstern, so dass die Durchschnittstemperatur über dem Siedepunkt des Wassers liegt – was für das Leben ungünstig ist.
- **Bewohnbare Exomonde** liegen mit ihrem Mutterplaneten direkt in der habitablen Zone um den Zentralstern, so dass auf ihnen Wasser im flüssigen Zustand existieren kann. Grundvoraussetzung dafür ist natürlich eine durch ausreichende Schwerkraft an den Mond gebundene Atmosphäre, die die Oberflächentemperatur reguliert. In diesem Fall wären die Voraussetzungen für Leben günstig.
- **Schneeball-Exomonde** kreisen um ihren Mutterplaneten am Rand des Exo-Sonnensystems und sind somit wahrscheinlich von Eis bedeckt. Wenn sie nicht wie die eisigen Jupiter- oder Saturnmonde durch die Ge-

Sonderfall „Planemos"

Der Name „Planemos" ist eine Abkürzung der englischen Bezeichnung „planetary mass objects" (Körper von planetarer Masse). Hierunter fallen alle Objekte, die an Masse in etwa den Planeten unseres Sonnensystems entsprechen und deren obere Grenze bei etwa 13 Jupitermassen liegt. Es handelt sich dabei um Welten, die nicht an einen größeren Körper gebunden sind – also keinen Stern umkreisen wie die Exoplaneten – und durch den freien Raum driften. Sie stellen eine eindeutige Definition des Begriffs „Planet", die an sich schon problematisch ist, wie sich am Fall des Plane-

ten Pluto zeigt, vor weitere Herausforderungen. Diese Freiflieger sind im sichtbaren Licht schwer zu finden. Dagegen konnten wegen ihrer eigenen Wärmeabstrahlung einige Kandidaten für solche Objekte mit Infrarotteleskopen in unserer Milchstraße aufgespürt werden. Und so gehen denn die Fachleute heute davon aus, dass es in unserer Galaxis fast doppelt so viele frei fliegende Planeten wie Sterne gibt! Trotzdem liegt der Schwerpunkt der Exoplanetenforschung auf jenen außersolaren Welten, die um einen anderen Stern kreisen.

Als „Planemos" bezeichnet man Exoplaneten, die, ohne an eine Sonne gebunden zu sein, durch die dunklen Tiefen des interstellaren Raumes driften. Sie sind daher noch schwerer als normale Exoplaneten nachzuweisen.

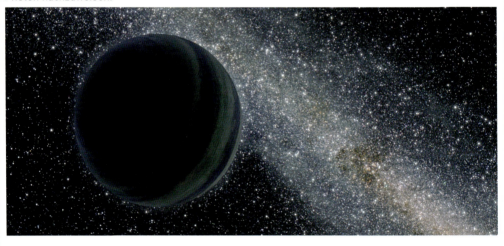

zeitenkräfte ihres Mutterplaneten erwärmt werden, bleiben sie mit großer Sicherheit gefroren und damit lebensfeindlich.

■ **Veränderliche Exomonde** begleiten ihren Mutterplaneten mit großer elliptischer Umlaufbahn, die ihn mal näher an den Mutterplaneten heran und mal weiter von ihm weg führt. Auf diese Weise könnten sie einen Großteil des Jahres bewohnbar sein. Sollte aber die Entfernung zum Zentralgestirn

zu groß oder zu klein sein, schieden sie als Heimstatt des Lebens aus.

Damit sich das Leben auf einem solchen Mond entwickeln kann, so zeigten weitere Überlegungen, sollte er mindestens zehn bis 20 Prozent der Erdmasse schwer sein. So kann er über Milliarden Jahre eine Plattentektonik hervorbringen und ein starkes Magnetfeld aufrechterhalten. Dadurch wird zum einen der Schutz vor energiereicher Strahlung garantiert, zum anderen

| Die Exoplaneten GJ 436 b (links) und GJ 1214 b im Vergleich zu Erde und Neptun.

eine massive Atmosphäre an diesen natürlichen Satelliten gebunden.

Noch sind Exomonde nicht gefunden, aber das könnte sich im Rahmen der laufenden Jagdzeit bald ändern. Vorbereitet sind wir auf die dortigen Verhältnisse bestens, wenn wir ins Kino gehen. Hier sehen wir Bilder von Exomonden, die von verschiedenen Lebensformen – darunter auch humanoiden – bevölkert sind, wie sie uns in dem Science-Fiction-Film *Avatar* auf dem Mond Pandora präsentiert werden.

| Exoplaneten-Steckbriefe

Seit der Entdeckung der ersten Exoplaneten in den Jahren 1992 und 1995 ist unser Wissen um die Zahl dieser Welten fern unseres Sonnensystems rasant angestiegen. Eindrucksvoll zeigt das die bei „The Extrasolar Planets Encyclopaedia" veröffentlichte Statistik in der Tabelle unten.

Eine vollständige Übersicht der bisher rund 2000 aufgespürten Exoplaneten würde den Rahmen des Buches natürlich sprengen. Um auf dem Laufenden zu sein, kann man sich in der „Extrasolar Planets Encyclopaedia" unter *www.exoplanet.eu* auf den neuesten Stand bringen. Für dieses Buch konzentrieren wir uns auf 24 typische oder besondere Exoplanetensysteme, die der Reihe nach einzeln mit einem Steckbrief vorgestellt werden. Neben den bereits im Text beschriebenen Exoplaneten werden hier weitere Beispiele außersolarer Welten mit ihren besonderen Eigenschaften aufgeführt, wobei natürlich auch der persönliche Geschmack des Autors seinen Einfluss hatte.

Anzahl entdeckter Exoplaneten pro Jahr (Stand 9. Februar 2015; Quelle: exoplanet.eu)									
1989	1990	1991	1992	1993	1994	1995	1996	1997	1998
1*	0	0	3	0	0	1	6	0	7
1999	2000	2001	2002	2003	2004	2005	2006	2007	2008
11	19	13	30	27	31	33	29	60	61
2009	2010	2011	2012	2013	2014	2015			
81	114	191	152	181	810	28			
*) Das 1989 beim Stern HD 114762 entdeckte Objekt wird nach aktuellem Stand mit elf Jupitermassen angegeben, an der Grenze zum Braunen Zwergstern.									

| Möglicher Anblick des Exoplaneten Alpha Centauri Bb, wie er um seinen Zentralstern kreist.

Alpha Centauri Bb

Unter „Alpha Centauri" kennt man den der Erde nächsten Stern im Sternbild Zentaur. Tatsächlich handelt es ich aber um ein Doppel- bzw. Dreifachsternsystem (Alpha Centauri A und B sowie deren Begleiter Proxima Centauri). Die Sterne A und B sind nur zwischen 11 und 36 AE voneinander entfernt; zu Proxima misst die Distanz hingegen 15.000 AE. Alpha Centauri B ist unserer Sonne recht ähnlich, er ist etwas kleiner und kühler. Der Exoplanet Alpha Centauri Bb wurde 2012 mittels der Radialgeschwindigkeitsmethode als Planet des Sterns B nachgewiesen, seine Existenz gilt allerdings noch nicht als vollständig gesichert.

Die vorliegenden Messdaten weisen auf einen kleinen, terrestrischen Planeten hin, der seinen Stern in nur 0,04 AE Abstand einmal alle 3,2 Tage umrundet. Die Planetenoberfläche wird daher über 1200 Grad heiß sein – seine Oberfläche dürfte geschmolzen sein.

Stern: Alpha Centauri B	
Rektaszension	$14^h39^m35^s$
Deklination	-60°50'15''
Helligkeit	1,3 mag
Entfernung	4,24 Lj
Spektraltyp	K1V
Temperatur	5200 K
Masse	0,93 $M_\odot$
Durchmesser	0,86 $\varnothing_\odot$
Anzahl Exoplaneten	1

Exoplanet: Alpha Centauri Bb	
Typ	Gesteinsplanet
Entdeckungsjahr	2012
Nachweismethode	Radialgeschwindigkeit
Masse	0,0036 $M_{2\!\downarrow}$
Abstand zum Stern	0,04 AE
Umlaufzeit	3,24 Tage

| CoRoT-4 b besitzt etwa die 0,7-fache Masse von Jupiter und dessen 1,2-fachen Durchmesser.

| CoRoT-4 b

wurde am 24. Juli 2008 durch das Weltraumteleskop *CoRoT* mittels der Transitmethode entdeckt. Der Exoplanet umläuft einen im Sternbild Einhorn gelegenen Stern und besitzt etwa die 0,7-fache Masse von Jupiter und dessen 1,2-fachen Durchmesser. Somit handelt es sich um einen Gasriesen. Sein Zentralstern ist nur wenig größer und massereicher als unsere Sonne. Der Abstand Exoplanet – Stern beträgt mit 13,5 Millionen Kilometer knapp ein Zehntel der Distanz Erde – Sonne. Daher benötigt der Planet nur etwas mehr als 9 Tage, um seinen Stern zu umlaufen.

Das besondere Merkmal von CoRoT-4 b ist die sogenannte gebundene Rotation um seinen Zentralstern: Der Planet benötigt für eine Eigenrotation die gleiche Zeit wie für einen Umlauf um seinen Stern. Damit zeigt eine Seite des Planeten ständig zum Stern, die andere in den Weltraum – es ist permanent Tag bzw. Nacht.

Stern: CoRoT-4 (GSC 04800-02187)	
Rektaszension	06ʰ48ᵐ47ˢ
Deklination	-00°40'22''
Helligkeit	13,7 mag
Entfernung	unbekannt
Spektraltyp	F8V
Temperatur	6190 K
Masse	1,1 M⊙
Durchmesser	1,2 Ø⊙
Anzahl Exoplaneten	1

Exoplanet: CoRoT-4 b	
Typ	Gasriese
Entdeckungsjahr	2008
Nachweismethode	Transit
Masse	0,72 M♃
Abstand zum Stern	0,09 AE
Umlaufzeit	9,20 Tage

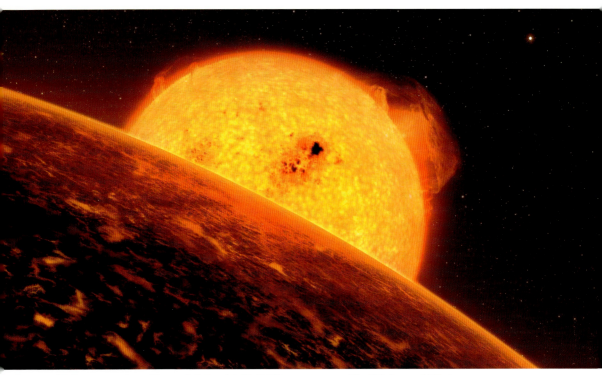

| Die geringe Sterndistanz führt auf CoRoT-7 b zu extremen Oberflächenverhältnissen.

| CoRoT-7 b

liegt ebenfalls im Sternbild Einhorn und ist rund 490 Lichtjahre von der Erde entfernt. Er ist etwa 1,8 Erddurchmesser groß und damit einer der kleinsten bekannten Exoplaneten. Wegen der erdähnlichen Dichte geht man davon aus, dass es sich um einen Gesteinsplaneten handelt. Co-RoT-7 b ist von seinem Stern rund 2,6 Mio. Kilometer entfernt, seine Masse beläuft sich auf 4,8 Erdmassen.

Seine Oberflächentemperatur wird wegen der geringen Entfernung zum Stern auf rund 1000 °C geschätzt. Die Atmosphäre besteht laut Simulationen vor allem aus Natrium, Kalium, Siliziummonoxid und Sauerstoff. Dazu kommt ein geringer Anteil von Magnesium, Aluminium, Kalzium und Eisen, der sich aus der Hitze des verdampften Gesteins ergibt. Vermutlich kondensieren diese Stoffe in den höheren Atmosphärenschichten, so dass es auf CoRot-7 b Kieselsteine „regnet".

Stern: CoRoT-7 (GSC 4799-1733)	
Rektaszension	$06^h43^m49^s$
Deklination	-01°03′46′′
Helligkeit	11,7 mag
Entfernung	490 Lj
Spektraltyp	K0V
Temperatur	5313 K
Masse	0,93 $M_\odot$
Durchmesser	0,87 $\emptyset_\odot$
Anzahl Exoplaneten	2

Exoplanet: CoRoT-7 b	
Typ	Supererde
Entdeckungsjahr	2009
Nachweismethode	Transit
Masse	0,023 $M_{2\!\downarrow}$
Abstand zum Stern	0,017 AE
Umlaufzeit	0,854 Tage

| Gliese 876 d ist eine Supererde, die ihren roten Zentralstern in geringem Abstand umläuft.

Gliese 876 d

kreist um den roten Zwergstern Gliese 876 im Sternbild Wassermann und ist 15,3 Lichtjahre von der Erde entfernt. Der Planet hat etwa die achtfache Masse der Erde und umkreist seinen Zentralstern alle 1,94 Tage in einem Abstand von gerade einmal 0,021 AE. Wegen dieser Nähe zum Stern ist diese Supererde mit einer Oberflächentemperatur zwischen 200 und 400 Grad Celsius für die Entstehung von Leben wahrscheinlich zu heiß. Zum Zeitpunkt der Entdeckung im Jahr 2005 war Gliese 876 d der Exoplanet mit der kleinsten Masse.

In diesem System befinden sich zwei weitere recht heiße Exoplaneten mit den Namen Gliese 876 b und 876 c. Sie haben die 1,9- und 0,6-fache Masse von Jupiter und umkreisen den Stern in nur 0,21 und 0,13 AE Abstand. Das Objekt Gliese 876 e ist der vierte Planet um diesen Stern; er weist eine Masse vom 0,04-fachen des Jupiter auf, der Abstand zum Stern beträgt 0,33 AE.

Stern: Gliese 876 (IL Aqr)

Rektaszension	$22^h53^m13^s$
Deklination	-14°15'13''
Helligkeit	10,2 mag
Entfernung	15,3 Lj
Spektraltyp	M4V
Temperatur	3350 K
Masse	0,33 $M_\odot$
Durchmesser	0,36 $\emptyset_\odot$
Anzahl Exoplaneten	4

Exoplanet: Gliese 876 d

Typ	Supererde
Entdeckungsjahr	2005
Nachweismethode	Radial-geschwindigkeit
Masse	0,017 $M_{2\!\!\!\perp}$
Abstand zum Stern	0,021 AE
Umlaufzeit	1,94 Tage

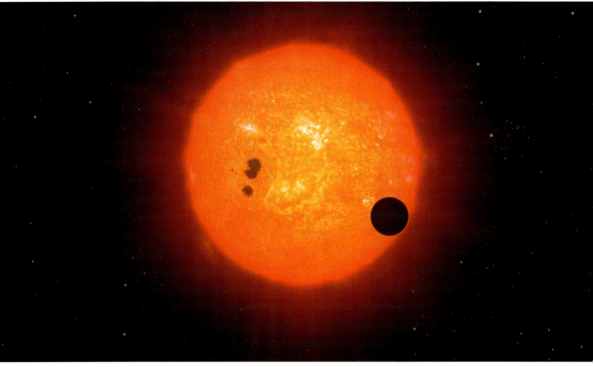

| Die Supererde GJ 1214 b zieht alle 1,6 Tage vor Ihrem Stern im Sternbild Schlangenträger vorbei.

GJ 1214 b

ist eine im Jahr 2009 entdeckte Supererde im Sternbild Schlangenträger. Die Entfernung zur Erde beträgt etwas über 42 Lichtjahre. Hier umkreist er einen roten Zwergstern in einem Abstand von circa 0,014 AE (rund zwei Millionen Kilometer). Seine Masse entspricht knapp sieben Erdmassen, und der Durchmesser wird auf etwas mehr als zweieinhalb Erddurchmesser angenommen.

Die Oberflächentemperatur von GJ 1214 b wird auf 120 bis 280 °C geschätzt, und es gibt starke Hinweise darauf, dass der Planet von einer relativ dicken Atmosphäre umgeben ist, die sich wahrscheinlich überwiegend aus Wasserdampf zusammensetzt. Daher wird auch vermutet, dass der Planet selbst zu einem großen Teil aus Wasser besteht und er damit ein sogenannter Ozeanplanet ist. Da der Planet von der Erde aus vor seinem Stern vorbeizieht, kann man ihn spektroskopisch untersuchen.

Stern: GJ 1214	
Rektaszension	$17^h15^m19^s$
Deklination	+04°57'50''
Helligkeit	14,7 mag
Entfernung	42,4 Lj
Spektraltyp	M
Temperatur	3026 K
Masse	0,15 $M_\odot$
Durchmesser	0,22 $\varnothing_\odot$
Anzahl Exoplaneten	1

Exoplanet: GJ 1214 b	
Typ	Supererde
Entdeckungsjahr	2009
Nachweismethode	Transit
Masse	0,020 $M_\jupiter$
Abstand zum Stern	0,014 AE
Umlaufzeit	1,58 Tage

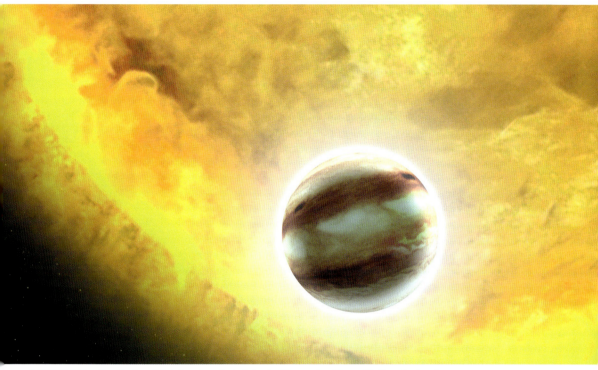

| HAT-P-7 b oder Kepler-2 b ist wahrscheinlich ein Planet des Typs „Heißer Jupiter".

| HAT-P-7 b

liegt mit seinem Stern im Sternbild Schwan, 1043 Lichtjahre von der Erde entfernt, und firmiert auch unter „Kepler-2 b". Hier umkreist der 2008 entdeckte Exoplanet seine Sonne in einem Abstand von 0,0377 AE (5,7 Mio. Kilometer) alle 2,2 Tage, und zwar entgegen der Drehrichtung seines Zentralsterns. Seine Masse wird mit 1,74 Jupitermassen oder 560 Erdmassen angegeben, was auf einen Gasplaneten vom Typ „Heißer Jupiter" schließen lässt.

Der geringe Abstand zum Zentralstern verformt den Exoplaneten: Er wird zu einem Ellipsoid in die Länge gezogen. Ähnliches kennt man von Jupiters ovaler Form, die allerdings durch dessen schnelle Rotation verursacht wird. Die Oberflächentemperatur auf der Tagseite beträgt um 2400 °C. Mit einer Helligkeit von 10,5 mag ist der Stern auch für Amateurastronomen erreichbar, die vom Planetentransit verursachte Helligkeitsabnahme konnte nachgewiesen werden.

Stern: HAT-P-7 (GSC 03547-01402)	
Rektaszension	19^{h}28^{m}59^s
Deklination	+47°58'10''
Helligkeit	10,5 mag
Entfernung	1043 Lj
Spektraltyp	F6V
Temperatur	6259 K
Masse	1,51 M$_\odot$
Durchmesser	2,0 Ø$_\odot$
Anzahl Exoplaneten	2

Exoplanet: HAT-P-7 b	
Typ	Heißer Jupiter
Entdeckungsjahr	2008
Nachweismethode	Transit
Masse	1,741 M$_{2\mathrm{J}}$
Abstand zum Stern	0,038 AE
Umlaufzeit	2,21 Tage

Das System um den Stern HD 10180 im Sternbild Kleine Wasserschlange weist sieben Planeten auf.

HD 10180

Das HD-10180-System mit bis zu sieben Planeten liegt im Sternbild Kleine Wasserschlange, rund 130 Lichtjahre von der Erde entfernt:

- HD 10180 b wurde bisher noch nicht bestätigt. Der Planet soll 0,02 AE vom Stern entfernt sein. Er braucht für einen Umlauf etwas mehr als einen Tag und seine Masse entspricht dem 1,4-fachen von Jupiter.
- HD 10180 c ist 0,06 AE vom Stern entfernt; er braucht 5,8 Tage für einen Umlauf und seine Masse beläuft sich auf rund 13 Erdmassen.
- HD 10180 d befindet sich 0,1 AE von seinem Stern entfernt. Er braucht etwa 16 Tage für einen Umlauf und hat eine ähnliche Masse wie HD 10180 c.
- HD 10180 e steht etwa 0,3 AE entfernt von HD 10180 und damit etwas näher als Merkur bei der Sonne. Für einen Umlauf benötigt er etwa 50 Tage. Mit rund 0,08 Jupitermassen handelt es sich um einen Gasriesen.

Stern: HD 10180	
Rektaszension	01ʰ37ᵐ54ˢ
Deklination	-60°30'42''
Helligkeit	7,3 mag
Entfernung	128 Lj
Spektraltyp	G1V
Temperatur	5911 K
Masse	1,06 M$_\odot$
Durchmesser	unbekannt
Anzahl Exoplaneten	7

- HD 10180 f umläuft in 0,5 AE sein Zentralgestirn, was etwas näher ist als die Venus bei der Sonne. Seine Umlaufzeit beträgt 123 Tage, wie HD 10180 e ist er ein Gasriese.
- HD 10180 g befindet sich 1,4 AE von seinem Stern entfernt, womit er einen ähnlichen Abstand wie der Mars von der Sonne hat.
- HD 10180 h umkreist in etwa 3,4 AE seinen Stern mit einer Umlaufzeit von sechs Jahren.

HD 149026 b ist ein saturngroßer Gasplanet im Sternbild Herkules, etwa 260 Lichtjahre entfernt.

HD 149026 b

ist ein saturngroßer Gasplanet im Sternbild Herkules, etwa 260 Lichtjahre von der Erde entfernt.
Hier umkreist er einen gelben Stern alle 2,9 Tage
in einem Abstand von 0,043 AE und vollführt
dabei von der Erde aus gesehen einen Transit.
Seine Masse beträgt 36 % von Jupiter und sein
Durchmesser 72 %, so dass er zum Typ „Hot Jupiter" gezählt wird.

Über die Hälfte seiner Masse ist auf einen
festen Kern zurückzuführen. Mit einer Temperatur von 2000 °C auf der Tagseite ist er einer der
heißesten Exoplaneten. Möglicherweise reflektiert der Planet fast kein Sternenlicht. Und eine
Verteilung der an der Oberfläche erzeugten Hitze durch Winde scheint nicht stattzufinden, so
dass die Nachtseite wesentlich kälter sein müsste. Daraus wird geschlossen, dass es sich bei ihm
um den Planeten mit der dunkelsten bekannten
Oberfläche handelt – schwärzer als Kohle, was
auf seinen Nachweis aber keinen Einfluss hatte.

Stern: HD 149026	
Rektaszension	$16^h30^m29^s$
Deklination	+38°20'50''
Helligkeit	8,2 mag
Entfernung	257 Lj
Spektraltyp	G0 IV
Temperatur	6147 K
Masse	1,3 M$_\odot$
Durchmesser	1,5 Ø$_\odot$
Anzahl Exoplaneten	1

Exoplanet: HD 149026 b	
Typ	Heißer Jupiter
Entdeckungsjahr	2005
Nachweismethode	Transit
Masse	0,356 M$_{2\!\!\!\downarrow}$
Abstand zum Stern	0,043 AE
Umlaufzeit	2,88 Tage

| Die blaue Atmosphäre von HD 189733 b wird durch Reflexionen an winzigen Glaspartikeln verursacht.

| HD 189733 b

findet man im Sternbild Füchschen. Hier umkreist er einen gelben, 63 Lichtjahre entfernten Zwergstern. Der Planet wurde 2005 mit einem Teleskop des Observatoriums Haute-Provence entdeckt und 2006 mit dem Infrarot-Teleskop *Spitzer* untersucht. Der Sternabstand beträgt 0,03 AE, ein Planetenumlauf dauert 2,2 Tage. Die Oberflächentemperatur des Exoplaneten wird mit über 1000 Grad Celsius angegeben.

HD 189733 b ist eine Besonderheit, da er von der Erde aus gesehen die Scheibe seines Heimatsterns quert und als sonnennächster Transitplanet sehr gut zu untersuchen ist. So wurde in seiner Atmosphäre zum ersten Mal Methan-Gas nachgewiesen. Später kamen Wasserdampf, Kohlenstoffdioxid und Kohlenstoffmonoxid hinzu. Die mit dem Hubble-Weltraumteleskop ermittelte blaue Farbe wird durch Lichtreflexionen winziger Glaspartikel verursacht, die mit bis zu 7000 km/h durch die Atmosphäre fliegen.

Stern: HD 189733	
Rektaszension	$20^h00^m43^s$
Deklination	+22°42'39''
Helligkeit	7,7 mag
Entfernung	63 Lj
Spektraltyp	K1 – K2
Temperatur	4875 K
Masse	0,8 M$_\odot$
Durchmesser	0,8 Ø$_\odot$
Anzahl Exoplaneten	1

Exoplanet: HD 189733 b	
Typ	Heißer Jupiter
Entdeckungsjahr	2005
Nachweismethode	Transit
Masse	1,138 M$_{2\!|}$
Abstand zum Stern	0,031 AE
Umlaufzeit	2,22 Tage

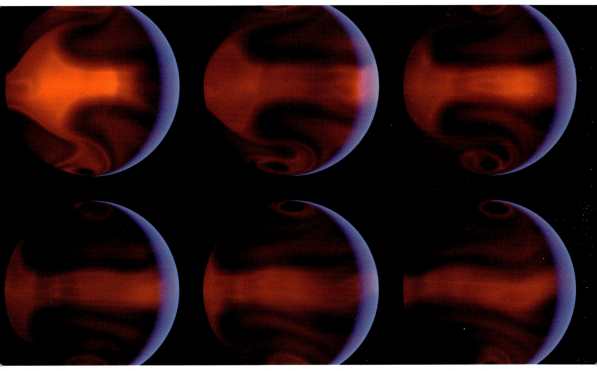

| HD 80606 b mit den Stoßwellen und extrem starken Winden auf seiner sternzugewandten Seite.

| HD 80606 b

wurde 2001 mit der Radialgeschwindigkeitsmethode durch Beobachtungen mit dem ELODIE-
Spektrograf des Observatoriums Haute-Provence
gefunden. Es handelt sich um einen Gasplaneten, der 190 Lichtjahre von der Erde entfernt ist.
Dort umkreist er einen gelb leuchtenden Zentralstern in einem mittleren Abstand von 0,45
AE, wofür er 111,4 Tage braucht.

Die Masse des Gasriesen beträgt rund 1370
Erdmassen oder vier Jupitermassen. Seine mittlere Oberflächentemperatur wird auf 430 °C
geschätzt. Die stark elliptische Bahn führt den
Planeten bis auf rund 0,9 AE von seinem Stern
weg; bei seiner geringsten Entfernung von nur
0,03 AE steigt die Atmosphärentemperatur dann
rapide an. Dadurch kommt es auf der sternzuge-
wandten Seite des Planeten zur Ausbildung von
Stoßwellen und extrem starken Winden, deren
Spitzengeschwindigkeiten bis zu 18.000 km/h
betragen sollen.

Stern: HD 80606

Rektaszension	09^{h}22^{m}37^s
Deklination	+50°36'13''
Helligkeit	8,9 mag
Entfernung	190 Lj
Spektraltyp	G5
Temperatur	5645 K
Masse	0,98 M$_\odot$
Durchmesser	0,98 Ø$_\odot$
Anzahl Exoplaneten	1

Exoplanet: HD 80606 b

Typ	Gasriese
Entdeckungsjahr	2001
Nachweismethode	Radial-geschwindigkeit
Masse	3,94 M$_{2\!\!\!|}$
Abstand zum Stern	0,449 AE
Umlaufzeit	111,4 Tage

| Die Mega-Erde Kepler-10 c mit Kepler-10 b, der gerade vor dem Zentralstern einen Transit vollführt.

| Kepler-10 c

Dieser Exoplanet umkreist die Sonne Kepler-10 im Sternbild Drache, die 564 Lichtjahre von der Erde entfernt ist. Sie ist auch Mutterstern des Planeten Kepler-10 b, der erste außerhalb unseres Sonnensystems nachgewiesene Gesteinsplanet. Kepler-10 c braucht für einen Umlauf etwa 45 Tage. Da er deutlich größer und massereicher als die Supererden ist (2,3-fache Größe und 17-fache Masse der Erde), wurde er der neu geschaffenen Klasse der Mega-Erden zugeordnet.

Die Entdeckung eines Planeten vom Typ „Mega-Erde" wird nicht ohne Konsequenzen für die Diskussion über die Wahrscheinlichkeit von Leben im Universum haben. Das Sonnensystem Kepler-10 hat bereits ein Alter von elf Milliarden Jahre und entstand demnach weniger als drei Milliarden Jahre nach dem Urknall. Daraus folgt, dass Gesteinsplaneten bereits viel früher die Bühne des Universums betreten haben, als bislang vermutet wurde.

Stern: Kepler-10 (GSC 03549-00354)	
Rektaszension	19^{h}02^{m}43^s
Deklination	+50°14'29''
Helligkeit	11,2 mag
Entfernung	564 Lj
Spektraltyp	G
Temperatur	5708 K
Masse	0,91 M$_\odot$
Durchmesser	1,07 Ø$_\odot$
Anzahl Exoplaneten	2

Exoplanet: Kepler-10 c	
Typ	Mega-Erde
Entdeckungsjahr	2011
Nachweismethode	Transit
Masse	0,054 M$_{2\!\!\!\downarrow}$
Abstand zum Stern	0,241 AE
Umlaufzeit	45,3 Tage

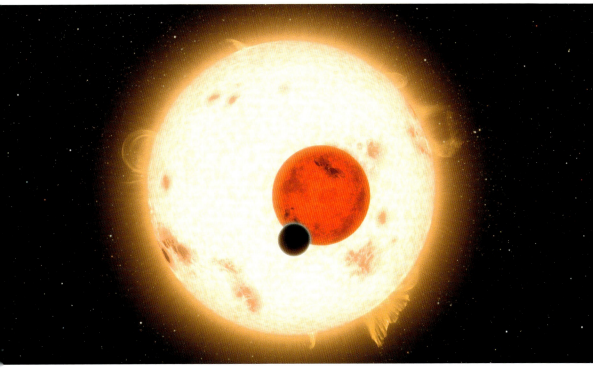

| Kepler-16 (AB) b ist der erste Exoplanet, der in einem Doppelsternsystem gefunden wurde.

| Kepler-16 (AB) b

ist ein Exoplanet in einem Doppelsternsystem, dessen Schwerezentrum er in 229 Tagen umläuft. Er gilt als das erste Beispiel eines Planeten, der zwei Sterne umläuft. Bislang ging man davon aus, dass ein Planet um einen Doppelstern nur dann eine konstante Bahn halten könne, wenn er siebenmal so weit von seinen Zentralsternen entfernt ist wie die Sterne untereinander entfernt sind.

Der Gasriese von Saturnmasse kreist am äußeren Rand der habitablen Zone (55 bis 106 Mio. km vom Stern) und besteht je zur Hälfte aus Gas und Stein. Kepler-16 b wird auch als „Tatooine" bezeichnet – in Anlehnung an einen Planeten der Star-Wars-Reihe, der zwei Sonnen umkreist. Simulationen der Universität Texas haben ergeben, dass in der Vergangenheit ein Planet von Erdgröße durch Störungen anderer Körper aus dem Zentrum der habitablen Zone getrieben wurde und Kepler-16 b nun als Mond umkreist.

Stern: Kepler-16 AB (GSC 03554-01147)	
Rektaszension	$19^h16^m18^s$
Deklination	+51°45'27''
Helligkeit	12 mag
Entfernung	196 Lj
Spektraltyp	G / K
Temperatur	4450 K
Masse	0,65 / 0,20 $M_\odot$
Durchmesser	0,65 / 0,23 $\emptyset_\odot$
Anzahl Exoplaneten	1

Exoplanet: Kepler-16 (AB) b	
Typ	Gasriese
Entdeckungsjahr	2011
Nachweismethode	Transit
Masse	0,333 $M_{2\!\!\!|}$
Abstand zum Stern	0,705 AE
Umlaufzeit	228,8 Tage

Exoplaneten bei Doppelsternen

Zu den eindrucksvollsten Bildern in den Star-Wars-Filmen zählt der doppelte Sonnenuntergang auf dem Planeten Tatooine, die Heimat der Hauptfigur Luke Skywalker, die ein Doppelsternsystem mit zwei farblich unterschiedlichen Sternen umkreist. Lange Zeit hielten Astronomen ein solches Naturschauspiel für pure Science-Fiction, obwohl sie diese Vorstellung auch ganz reizvoll fanden.

Denn es gab ein schwerwiegendes Argument gegen Planeten in einem Doppelsternsystem: Die Umgebung des Sternpaares sei zu chaotisch, um Planeten zu bilden. Da die Sterne selbst umeinander (um ihren gemeinsamen Schwerpunkt) kreisen, verändert sich der gravitative Einfluss auf ihre Umgebung fortlaufend. Und selbst im günstigsten Fall, wenn ein Planet in diesem Gravitationswechselspiel nicht nur entstehen, sondern sich sogar längere Zeit behaupten könnte, wäre dieser Existenzkampf nicht von dauerhaftem Erfolg gekrönt: Der „Widerständler" würde entweder ins All verschwinden oder in einen der Sterne stürzen.

Mit dem Start des Weltraumobservatoriums *Kepler* im März 2009, das mittels der Transitmethode nach Exoplaneten fahndete, stiegen die Chancen, einen solchen „zirkumbinären" Planeten zu entdecken. Und nach zweijähriger Suche wurde man im Herbst 2011 fündig: Bei der Doppelsonne Kepler-16 wurde der Exoplanet Kepler-16 b entdeckt (siehe Seite 109). Binnen weniger Monate folgten zwei weitere zirkumbinäre Planeten: Kepler-34 b und Kepler-35 b. Damit war bewiesen, dass solche Himmelsobjekte gar nicht so selten sind. Bevor das Satellitenobservatorium im August 2013 wegen technischer Probleme seinen Betrieb unterbrechen musste, waren mehr als 2000 bedeckungsveränderliche Doppelsterne aufgespürt worden. Hier werden zwei Klassen unterschieden: Die erste zeichnet sich dadurch aus, dass die beiden Komponenten sehr weit voneinander entfernt um ihren gemeinsamen Schwerpunkt kreisen und ihr Umlauf vielleicht Hunderte von Jahren dauert. Auf diese Weise beeinflussen sie sich kaum und verhalten sich fast wie Einzelsterne. So könnte ein Planet einen der beiden Sterne umkreisen, ohne durch den anderen merklich gestört zu werden. In diesem Fall spricht man von einem Planet des S-Typs. Davon wurden im letzten Jahrzehnt Dutzende entdeckt.

Die zweite Klasse liegt vor, wenn die Komponenten eines Doppelsternsystems so eng beieinanderliegen, dass sie nur Tage oder Wochen für einen Umlauf brauchen. Ein hier angesiedelter Planet muss beide Sterne umkreisen, wenn seine Bahn stabil sein soll. Nach numerischen Berechnungen muss der Bahnradius des Planeten über einem kritischen Wert liegen, da ihn sonst das rotierende Doppelsternsystem destabilisiert und er entweder verschlungen oder davongeschleudert wird. Der minimale Abstand beträgt etwa das Drei- bis Vierfache der Distanz der beiden Komponenten voneinander. Planeten in einem solchen System heißen „zirkumbinäre Objekte" oder „P-Typ-Planeten".

Während Planeten, die um Einzelsterne oder um eine Komponente weit auseinander liegender Doppelsterne kreisen, häufig vorkommen, war lange Zeit fraglich, ob zirkumbinäre Systeme überhaupt möglich sind. Die *Kepler*-Daten lieferten hier als Ergebnis, dass Zirkumbinärplaneten keine Ausnahme sind, sondern sogar eine eigene Klasse von Planetensystemen bilden. Auch bei Doppelsternen gibt es eine habitable Zone. Ist dieser Bereich bei einem Einzelstern eine Kugelschale, so hat in einem Doppelsternsystem jeder Stern seine eigene Zone. Bei kleinem Abstand der beiden Sterne verschmelzen ihre habitablen Zonen zu einer eiförmigen Schale um beide Sterne. Diese Zone dreht sich mit, während die beiden Sterne ein-

Im Vierfachsternsystem HD 98800 wird ein Sternpaar von einer Staubscheibe umgeben, wie Beobachtungen mit dem *Spitzer*-Weltraumteleskop gezeigt haben.

ander umkreisen. Da die Umlaufzeit des Sternpaars kürzer ist als jene des weiter außen liegenden Planeten, rotiert auch die bewohnbare Zone schneller um den Doppelstern als der Planet auf seiner Bahn läuft. Hinzu kommt, dass sich die Distanz eines zirkumbinären Planeten zu den Sternen drastisch ändert. Auf einer solchen Welt wandeln sich die Jahreszeiten binnen weniger Wochen und es kommt zu sprunghaften Klimaveränderungen.

Immerhin liegen von den sieben bisher bekannten zirkumbinären Planeten zwei in der habitablen Zone ihres Zentralsterns – was ein bemerkenswert hoher Anteil ist. Damit sind aber nicht automatisch lebensfreundliche Zustände verbunden – ebenso wenig wie auf unserem Mond, der als Begleiter der Erde zwar in der habitablen Zone unseres Sonnensystems angesiedelt ist, aber wegen seiner geringen Masse keine Atmosphäre binden kann. Der große Anteil an habitablen Doppelsternplaneten reizt doch zu Fragen, wie Lebewesen oder gar Zivilisationen auf einer von zwei Sonnen beleuchteten Welt aussehen könnten, auf der sich bitterkalte Winter und glühend heiße Sommer in kurzer Zeit abwechseln.

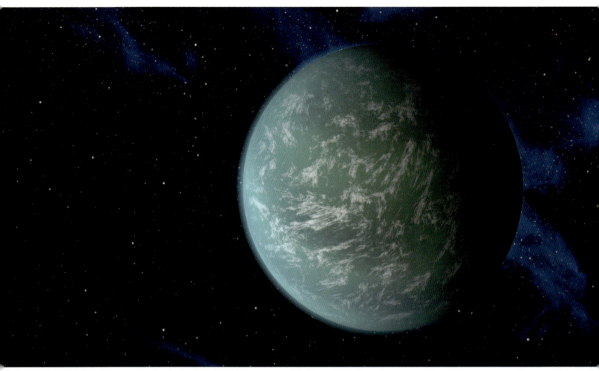

| Kepler-22 b liegt in der habitablen Zone seines Zentralsterns; damit ist flüssiges Wasser möglich.

| Kepler-22 b

wurde am 12. Mai 2009 bereits drei Tage nach Betriebsbeginn des *Kepler*-Weltraumteleskops entdeckt. Er ist rund 620 Lichtjahre von der Erde entfernt und liegt mit einem Abstand von 0,85 AE in der habitablen Zone seines sonnenähnlichen Zentralsterns. Damit sind prinzipiell erdähnliche Temperaturen und flüssiges Wasser möglich. Für einen Umlauf benötigt Kepler-22 b rund 290 Tage. Sein Durchmesser misst etwa das 2,4-fache der Erde – rund 30.500 Kilometer -, so dass es sich bei diesem Planeten möglicherweise um eine Supererde handelt. Leider ist seine Zusammensetzung bis heute vollkommen unklar: Kepler-22 b könnte ein Gesteinsplanet, aber auch ein Ozeanplanet oder ein Gasplanet sein. Ebenso wissen die Astronomen nichts über eine eventuell vorhandene Atmosphäre. Auch die Planetenmasse ist zurzeit noch schwer abzuschätzen. Es werden Werte zwischen 27 und 35 Erdmassen angenommen.

Stern: Kepler-22 (GSC 03546-02301)	
Rektaszension	$19^h16^m52^s$
Deklination	+47°53'04''
Helligkeit	12,0 mag
Entfernung	619 Lj
Spektraltyp	G5
Temperatur	5518 K
Masse	0,97 $M_\odot$
Durchmesser	0,98 $\varnothing_\odot$
Anzahl Exoplaneten	1

Exoplanet: Kepler-22 b	
Typ	Supererde/Gasplanet
Entdeckungsjahr	2011
Nachweismethode	Transit
Masse	0,11 $M_{2\!\!\!\!\!\;l}$
Abstand zum Stern	0,849 AE
Umlaufzeit	289,9 Tage

| Die zwei Sonnen von Kepler-34 b haben ungefähr dieselbe Masse und Temperatur wie die Sonne.

Kepler-34 b

gehört zu einem fast 5000 Lichtjahre entfernten Doppelsternsystem im Sternbild Schwan. Von der Erde aus ziehen die Sterne gegenseitig vor- bzw. hintereinander her, es handelt sich um einen Bedeckungsveränderlichen. Die beiden Komponenten haben ungefähr dieselbe Masse wie die Sonne und leuchten gelb. Sie stehen voneinander 0,22 AE entfernt und umlaufen ihr gemeinsames Schwerezentrum auf einer exzentrischen Bahn in 27 Tagen.

Während die meisten Planeten eines Doppelsternsystems in sehr großer Distanz von ihren Zentralgestirnen entstanden und dann zu ihrem augenblicklichen Ort gewandert sind, ist Kepler-34 b an seinem heutigen Platz geboren worden. Kepler-34 b ist ein Gasriese mit einem Fünftel der Jupitermasse und einer Größe von 0,764 Jupiterdurchmessern. Er umläuft seinen Stern in rund 1,1 AE Distanz und benötigt für einen Umlauf 289 Tage.

Stern: Kepler-34 AB (2MASS J19454459+4438296)	
Rektaszension	$19^h45^m45^s$
Deklination	+44°38'30''
Helligkeit	15 mag
Entfernung	4887 Lj
Spektraltyp	G (beide)
Temperatur	5913 K
Masse	1,05 / 1,02 $M_\odot$
Durchmesser	1,16 / 1,09 $\varnothing_\odot$
Anzahl Exoplaneten	1

Exoplanet: Kepler-34 (AB) b	
Typ	Gasriese
Entdeckungsjahr	2011
Nachweismethode	Transit
Masse	0,22 $M_{\mathrm{2\!\!\!l}}$
Abstand zum Stern	1,09 AE
Umlaufzeit	288,8 Tage

| Das Planetensystem von Kepler-37 im Vergleich zu den terrestrischen Planeten Merkur, Mars und Erde.

Kepler-37 b

Der Stern ist 215 Lichtjahre von der Erde entfernt und liegt im Sternbild Leier. Kepler-37 b wurde zusammen mit den Planeten Kepler-37 c und d entdeckt und ist der bisher kleinste Exoplanet, der einen sogenannten Hauptreihenstern umläuft. Mit einem Durchmesser von 3900 Kilometer ist er nur wenig größer als unser Mond. Der Planet besitzt wahrscheinlich keine Atmosphäre, so dass Leben dort ausscheidet. Die Oberfläche ist etwa 425 °C heiß und besteht wohl aus nacktem Fels, denn der Planet umkreist seine Sonne in einem engen Abstand von rund 15 Millionen Kilometer, mit einer Umlaufzeit von circa 13 Tagen.

Exoplanet „c" ist mit 0,14 AE etwas weiter vom Stern entfernt, ein Umlauf dauert 21 Tage; man schätzt seine Größe auf Dreiviertel der Erde. Der dritte Planet, Kepler-37 d, hat 0,21 AE Abstand zum Stern, die Umlaufzeit beträgt fast 40 Tage; er ist rund doppelt so groß wie die Erde.

Stern: Kepler-37 (GSC 03131-01199)	
Rektaszension	$18^h58^m23^s$
Deklination	+44°31'05''
Helligkeit	9,8 mag
Entfernung	215 Lj
Spektraltyp	G
Temperatur	5417 K
Masse	0,80 $M_\odot$
Durchmesser	0,77 $\varnothing_\odot$
Anzahl Exoplaneten	3

Exoplanet: Kepler-37 b	
Typ	Supererde
Entdeckungsjahr	2013
Nachweismethode	Transit
Masse	0,0087 $M_{2\!\!\!|}$
Abstand zum Stern	0,100 AE
Umlaufzeit	13,37 Tage

| Zwei Planeten bei zwei Sternen: Kepler-47 b und Kepler-47 c umlaufen einen Doppelstern.

| Kepler-47 b und Kepler-47 c

Kepler-47 b wurde 2012 entdeckt und ist mit Kepler-47 c Mitglied eines Planetensystems um einen Doppelstern. Das Sternpaar liegt rund 4900 Lichtjahre von der Erde entfernt im Sternbild Schwan. Es setzt sich aus einem sonnenähnlichen Stern und einem Begleiter mit einem Drittel der Sonnengröße zusammen, die sich alle 7,5 Tage umlaufen. Kepler-47 b umkreist seine Zentralsterne als innerer Planet in 49,5 Tagen, sein Radius beträgt etwa drei Erdradien. Über seine Masse ist nichts bekannt, weshalb auch keine Rückschlüsse auf seine mögliche Zusammensetzung gezogen werden können.

Dagegen wandert Kepler-47 c in der habitablen Zone um seine Zentralsterne, und das mit einer Umlaufperiode von 303 Tagen. Mit einem Radius von knapp fünf Erdradien ist er etwas größer als Uranus. Jedoch ist seine Masse nicht genau bekannt, liegt aber vermutlich im Bereich einer Neptunmasse.

Stern: Kepler-47 AB (2MASS J19411149+4655136)	
Rektaszension	$19^h41^m12^s$
Deklination	+46°55'12''
Helligkeit	15 mag
Entfernung	4900 Lj
Spektraltyp	unbekannt
Temperatur	5636 K
Masse	1,04 $M_\odot$
Durchmesser	0,96 $\emptyset_\odot$
Anzahl Exoplaneten	2

Exoplanet: Kepler-47 (AB) b und c	
Typ	unbekannt
Entdeckungsjahr	2012
Nachweismethode	Transit
Masse	unbekannt
Abstand zum Stern	0,30 / 0,99 AE
Umlaufzeit	49,5 / 303 Tage

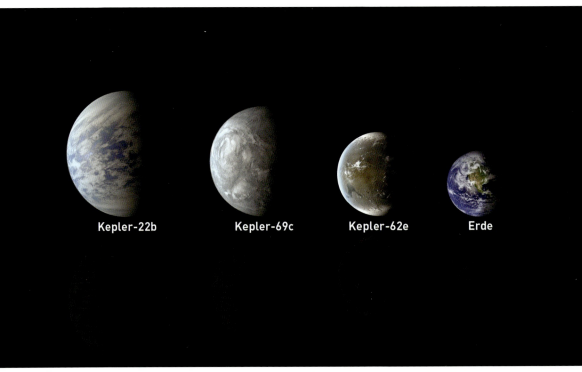

Kepler-22b   Kepler-69c   Kepler-62e   Erde

| Kepler-62 e und andere, ähnlich große terrestrische Exoplaneten im Vergleich zur Erde.

| Kepler-62 e

ist wahrscheinlich ein erdähnlicher Planet, der in der habitablen Zone in 122 Tagen um seinen Stern kreist. Damit könnte auf dem Planeten, der rund 60 % größer als die Erde ist, Leben existieren. Die Daten lassen es möglich erscheinen, dass der Planet einen Kern aus Silikat und Eisen besitzt und von einer erheblichen Menge Wasser bedeckt ist. Wahrscheinlich ist er sogar von einem großen Ozean umgeben. Solche Welten werden als Wasser- oder Ozeanplaneten bezeichnet.

Neben Kepler-62 e wurden noch vier weitere Planeten aufgespürt: Planet „b" besitzt den 1,3-fachen Erddurchmesser und ist 0,06 AE vom Stern entfernt; Planet „c" ist halb so groß wie die Erde, sein Sternabstand beträgt 0,09 AE; Planet „d" soll doppelt so groß wie die Erde sein und den Stern in 0,12 AE Abstand umlaufen; Kepler-62 f ist der äußerste Planet, 1,4 Erddurchmesser groß und befindet sich mit 0,72 AE Sterndistanz in der habitablen Zone.

Stern: Kepler-62 (2MASS J18525105+4520595)	
Rektaszension	$18^h52^m51^s$
Deklination	+45°21'00"
Helligkeit	14 mag
Entfernung	1200 Lj
Spektraltyp	K2V
Temperatur	4869 K
Masse	0,69 $M_\odot$
Durchmesser	0,63 $\emptyset_\odot$
Anzahl Exoplaneten	5

Exoplanet: Kepler-62 e	
Typ	Terrestrisch
Entdeckungsjahr	2013
Nachweismethode	Transit
Masse	0,113 $M_{2\!\!\!\downarrow}$
Abstand zum Stern	0,427 AE
Umlaufzeit	122,4 Tage

| Der Gasriese Kepler-64 b umläuft ein Doppelsternsystem (sonnenähnlicher Stern und roter Zwergstern).

Kepler-64 b

Der 5000 Lichtjahre entfernte Planet des Typs Gasriese ist der erste Exoplanet, der von sogenannten „Citizen Scientists" („Bürgerwissenschaftlern") im Rahmen des Suchprogramms Planet Hunters in Daten der *Kepler*-Sonde entdeckt wurde (siehe auch Kapitel 8 ab Seite 167). Er trägt deshalb auch den Namen „Planet Hunters 1b" (PH1b). Der Planet ist etwas größer als Neptun (rund sechs Erddurchmesser) und halb so massereich wie Jupiter. Kepler-64 b gehört einem Vierfach-Sternsystem an und umkreist zwei der Komponenten, wobei er von den beiden Doppelsternen 0,6 AE entfernt ist und für einen Umlauf 138 Tage benötigt. Bei seinen Heimatsternen handelt es sich um einen Hauptreihenstern mit 1,5 Sonnenmassen und einen roten Zwergstern mit 0,4 Sonnenmassen, die sich in 20 Tagen um ihr Schwerezentrum bewegen. Das zweite Sternpaar ist gut 1000 AE vom Doppelstern mit Exoplanet entfernt.

Stern: Kepler-64 AB
(2MASS 19525162+3957183)

Rektaszension	19ʰ52ᵐ52ˢ
Deklination	+39°57'18''
Helligkeit	--- (infrarot)
Entfernung	5000 Lj
Spektraltyp	F / M
Temperatur	---
Masse	1,53 / 0,41 M$_\odot$
Durchmesser	1,73 / 0,38 Ø$_\odot$
Anzahl Exoplaneten	1

Exoplanet: Kepler-64 (AB) b

Typ	Gasriese
Entdeckungsjahr	2013
Nachweismethode	Transit
Masse	0,53 M$_{24}$
Abstand zum Stern	0,634 AE
Umlaufzeit	138,5 Tage

| Kepler-186 f erregte Aufsehen, weil er der erste erdähnliche Exoplanet in einer habitablen Zone war.

| Kepler-186 f

wurde 2012 entdeckt und erregte Aufsehen, weil er mit großer Wahrscheinlichkeit der erste erdähnliche Exoplanet ist, der in einer habitablen Zone liegt. Kepler-186 f befindet sich 492 Lichtjahre von uns entfernt im Sternbild Schwan. Hier kreist er um seinen Zentralstern im Abstand von 52 Millionen Kilometer, was deutlich geringer ist als der Abstand Erde – Sonne. So empfängt er wegen der geringeren Abstrahlung des Sterns im Vergleich zur Sonne weniger Energie und liegt wahrscheinlich am äußeren Rand der habitablen Zone. Für einen Umlauf benötigt der Planet 130 Erdentage.

Kepler-186 f ist ein erdgroßer Planet (rund 1,1-facher Erddurchmesser). Seine Masse ist nicht bekannt, doch nimmt man an, dass es sich um einen erdähnlichen Planeten handelt. Auf seiner Oberfläche könnten lebensfreundliche Temperaturen herrschen. Der Earth Similarity Index (ESI) für diesen Planeten beträgt 0,64.

Stern: Kepler-186 (2MASS J19543665+4357180)

Rektaszension	19^{h}54^{m}37^s
Deklination	+43°57′18″
Helligkeit	15,7 mag
Entfernung	492 Lj
Spektraltyp	M1V
Temperatur	3788 K
Masse	0,48 M$_\odot$
Durchmesser	0,47 Ø$_\odot$
Anzahl Exoplaneten	5

Exoplanet: Kepler-186 f

Typ	Terrestrisch
Entdeckungsjahr	2014
Nachweismethode	Transit
Masse	unbekannt
Abstand zum Stern	0,356 AE
Umlaufzeit	129,9 Tage

| Mögliche erdähnliche Planeten im Vergleich zu Erde, Mars, Jupiter und Neptun („ly" steht für Lichtjahr).

| Kepler-438 b und -442 b

Diese beiden Exoplaneten haben, was die Erdähnlichkeit betrifft, dem gegenüber beschriebenen Exoplaneten Kepler-186 f den Rang abgelaufen, wie US-Astronomen im Januar 2015 bekannt gaben. Die Planeten kreisen in 470 beziehungsweise 1100 Lichtjahren Erdentfernung in den habitablen Zonen um ihre Heimatsterne und sind zwölf beziehungsweise 40 % größer als die Erde. Jedoch erhalten sie nur 32 beziehungsweise 41 % so viel Licht von ihren Sternen.

Die Planeten umkreisen jeweils einen roten Zwergstern. Kepler-438 b ist mit 70-prozentiger Wahrscheinlichkeit ein Gesteinsplanet. Mit ebenso großer Rate liegt er bei einer Distanz von 0,17 AE in der bewohnbaren Zone seines Heimatsterns. In dieser Hinsicht wird er vom Planeten Kepler-442 b sogar noch übertroffen, denn der Wahrscheinlichkeitswert für seine Position in diesem besonderen Bereich beträgt bei einem Sternabstand vom 0,4 AE sogar 97 %.

Stern: Kepler-438 (2MASS J18463499+4157039)	
Rektaszension	18ʰ46ᵐ35ˢ
Deklination	+41°57'04''
Helligkeit	9,6 mag
Entfernung	473 Lj
Spektraltyp	unbekannt
Temperatur	3748 K
Masse	0,54 M$_\odot$
Durchmesser	0,52 Ø$_\odot$
Anzahl Exoplaneten	1

Exoplanet: Kepler-438 b	
Typ	Terrestrisch
Entdeckungsjahr	2015
Nachweismethode	Transit
Masse	unbekannt
Abstand zum Stern	0,166 AE
Umlaufzeit	35,2 Tage

| OGLE-2005-BLG-390L b bei einem roten Zwergstern besteht vermutlich größtenteils aus Eis und Gestein.

| OGLE-2005-BLG-390L b

umkreist einen roten Zwergstern im Sternbild Skorpion, über 20.000 Lichtjahre von uns entfernt. Der Mutterstern hat ein Fünftel der Masse unserer Sonne, und OGLE-2005-390l b braucht für einen Umlauf fast zehn Erdenjahre, denn er ist 2,1 AE von seinem kleinen Stern entfernt. Der Nachweis begann am 10. August 2005 mit dem dänischen 1,54-Meter-Teleskop auf der ESO-Sternwarte La Silla in Chile, und zwar erstmals mit Hilfe des Gravitations-Mikrolinseneffekts. Beobachtungen anderer Sternwarten bestätigten die Entdeckung.

Aufgrund seiner geringen Masse gilt OGLE-2005-BLG-390L b als recht erdähnlicher Exoplanet, der vermutlich größtenteils aus Eis und Gestein besteht. Wegen seiner geringen Größe und der vergleichsweise geringen Strahlung seines Muttersterns sowie der großen Entfernung herrscht auf der Oberfläche dieses Exoplaneten eine Temperatur von -220 °C.

Stern: OGLE-2005-390L	
Rektaszension	$17^h54^m19^s$
Deklination	-30°22'38''
Helligkeit	15,6 mag
Entfernung	21.500 Lj
Spektraltyp	M4
Temperatur	unbekannt
Masse	0,22 $M_\odot$
Durchmesser	unbekannt
Anzahl Exoplaneten	1

Exoplanet: OGLE-2005-390L b	
Typ	Supererde
Entdeckungsjahr	2005
Nachweismethode	Mikrolinse
Masse	0,017 $M_{2\!\!1}$
Abstand zum Stern	2,1 AE
Umlaufzeit	3500 Tage

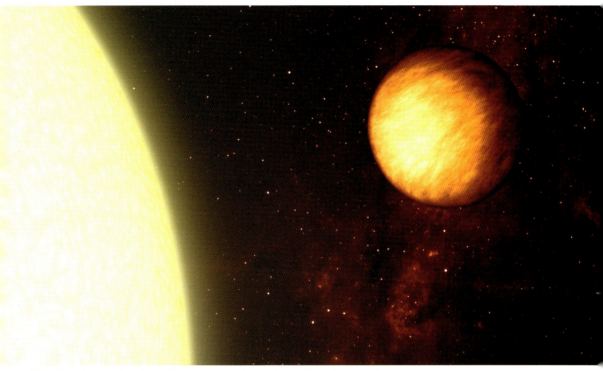

Der Gasriese Ypsilon (υ) Andromedae b neben seinem Zentralstern υ Andromedae A.

Ypsilon (υ) Andromedae b, c, d und e

sind Begleiter eines Doppelsternsystems, das aus dem leuchtstärkeren Stern υ Andromedae A und dem Roten Zwerg B besteht. Es ist 44 Lichtjahre von uns entfernt. Die vier Planeten umlaufen den Stern A:

- υ *Andromedae b* mit einer 0,6-fachen Jupitermasse, einer Umlaufdauer von 4,6 Tagen sowie einem geschätzten Temperaturunterschied zwischen Tag- und Nachtseite von 1400 Grad Celsius.
- υ *Andromedae c* mit 1,8-facher Jupitermasse und einer Umlaufdauer von 241 Tagen. Er ist ein warmer Exoplanet, der sich am inneren Rand der Lebenszone befinden könnte.
- υ *Andromedae d* mit zehnfacher Jupitermasse sowie einer Umlaufdauer von 3,5 Jahren – ein eher kühler Planet, aber möglicherweise am äußeren Rand der Lebenszone gelegen.
- υ *Andromedae e* besitzt Jupitermasse und ist über 5 AE vom Stern entfernt.

Stern: υ Andromedae A	
Rektaszension	01^{h}36^{m}48^s
Deklination	+41°24'38''
Helligkeit	4,1 mag
Entfernung	44 Lj
Spektraltyp	F8V
Temperatur	6212 K
Masse	1,27 M$_\odot$
Durchmesser	1,63 Ø$_\odot$
Anzahl Exoplaneten	4

Exoplaneten: υ Andromedae b / c / d / e	
Entdeckungsjahr	1996 / 1999 / 1999 / 2010
Nachweismethode	Radialgeschwindigkeit
Masse (M$_{2\!|}$)	0,62 / 1,8 / 10,2 / 1,06
Abstand zum Stern (AE)	0,06 / 0,86 / 2,55 / 5,25
Umlaufzeit (Tage)	4,6 / 241 / 1281 / 3848

121

| Der Exoplanet 2M1207 b umkreist einen braunen Zwergstern (siehe auch das Entdeckungsfoto auf S. 78).

2M1207 b

Dieser Exoplanet umkreist als Gasriese von rund vierfacher Jupitermasse einen sogenannten Braunen Zwergstern (25-fache Jupitermasse) rund 170 Lichtjahre von der Erde entfernt, im Südsternbild Zentaur gelegen. Er war das erste Objekt planetarer Masse, von dem ein Foto („Direct imaging") gemacht werden konnte, so dass sich die Möglichkeit einer direkten spektralen Untersuchung bietet. Die Entdeckung gelang im Jahr 2004 mit dem Very Large Telescope der ESO und dem Zusatzinstrument NACO für adaptive Optik. Die Zusammengehörigkeit von Stern und Exoplanet wurde nachfolgend mit dem Hubble-Weltraumteleskop bestätigt. Mit einem Durchmesser von 214.000 Kilometer ist 2M1207 b rund 50 % größer als Jupiter. Der Abstand zwischen Planet und Braunem Zwerg beträgt rund 46 AE. Obwohl 2M1207 b als Exoplanet klassifiziert ist, könnte es sich auch um einen verhinderten (da zu massearmen) Stern handeln.

Stern: 2M1207	
Rektaszension	$12^h07^m33^s$
Deklination	-39°32'54''
Helligkeit	20,2 mag
Entfernung	171 Lj
Spektraltyp	M8
Temperatur	unbekannt
Masse	0,025 $M_\odot$
Durchmesser	unbekannt
Anzahl Exoplaneten	1

Exoplanet: 2M1207 b	
Typ	Gasriese
Entdeckungsjahr	2004
Nachweismethode	Direktaufnahme
Masse	4,0 $M_{2\!\!\!1}$
Abstand zum Stern	46 AE
Umlaufzeit	unbekannt

| HD 40307 g mit seinen beiden anderen Exoplaneten-Trio-Mitgliedern, die 2008 entdeckt wurden.

| HD 40307 g

Um den 42 Lichtjahre entfernten, im Sternbild Maler gelegenen Stern HD 40307 kreisen mindestens sechs Planeten. Die ersten drei wurden im Jahr 2008 entdeckt, das zweite Trio im Jahr 2012. Der Stern ist ein rötlicher Haupttreihenstern mit gut Dreiviertel der Sonnenmasse. Die inneren fünf Planeten sind ihrem Stern recht nahe: Sie sind 0,05, 0,08, 0,13, 0,19 und 0,25 AE vom Stern entfernt.

Der interessanteste Planet dieses Systems ist das Objekt „g", mit 0,6 AE der äußerste Körper. Diese Supererde befindet sich innerhalb der habitablen Zone und umrundet ihren Stern in 198 Tagen. Mit über acht Erdmassen und mehr als doppeltem Erddurchmesser übertrifft HD 40307 g unseren Heimatplaneten deutlich. Für lebensfreundliche Bedingungen sprechen eine Durchschnittstemperatur um den Gerfrierpunkt und ein regelmäßiger Tag-und-Nacht-Rhythmus – ein der Erde schon recht ähnliches Klima.

Stern: HD 40307	
Rektaszension	$05^h54^m04^s$
Deklination	-60°01'24''
Helligkeit	7,2 mag
Entfernung	42 Lj
Spektraltyp	K2.5V
Temperatur	4977 K
Masse	0,77 $M_\odot$
Durchmesser	unbekannt
Anzahl Exoplaneten	6

Exoplanet: HD 40307 g	
Typ	Supererde
Entdeckungsjahr	2012
Nachweismethode	Radialgeschwindigkeit
Masse	0,0223 $M_{2\!\!\!\!\!\!/}$
Abstand zum Stern	0,6 AE
Umlaufzeit	197,8 Tage

6

LEBEN AUF EXOPLANETEN?

Von der Bewohnbarkeit außersolarer Welten

Die Erforschung der Exoplaneten ist im Grunde Teil eines viel größeren Projekts, und zwar der Suche nach außerirdischem Leben. Die Kardinalfrage lautet: „Ist Leben unter fernen Sonnen möglich?". Der Forschungszweig „Astrobiologie" führte in der Astronomie bisher, wie lange Zeit auch die Suche nach Exoplaneten, ein Nischendasein. Doch seit der Entdeckung des ersten Exoplaneten ist die Astrobiologie ebenso eine anerkannte Wissenschaft wie die Exoplanetenforschung mit ihrer Suche nach der zweiten Erde.

Planeten sind die Heimstatt des Lebens. Und wenn es bei anderen Sonnen auch Planeten gibt, was ja inzwischen als Tatsache gilt, warum sollte es unter diesen Welten nicht welche geben, die für Leben geeignet sind, vor allem wenn sie dieselben Bedingungen aufweisen wie die Erde? Extrasolare Planeten gibt es in unserer Milchstraße zu Tausenden oder gar Millionen. Nach neuesten Schätzungen hat jeder zweite Stern in unserer Milchstraße Planeten. Darunter sind auch eine ganze Zahl Welten, die durchaus erdähnliche Eigenschaften aufweisen. Allerdings haben deren bisher bekannte Vertreter viel größere Dimensionen als unser Heimatplanet – die „Supererden". Eine wirkliche Schwesterwelt der Erde – „Terra II" – wurde bisher noch nicht gefunden. Aber die Exoplanetenjäger tasten sich durch neue Funde immer kleinerer erdähnlicher Planeten weiter an die zweite Erde heran; und so dürfte die Entdeckung eines exoplanetaren Spiegelbildes unseres blauen Planeten nur noch eine Frage der Zeit sein. Optimisten gehen davon aus, dass sich die Entdeckung noch vor Ende dieses Jahrzehnts, spätestens jedoch in der nächsten Dekade ereignen wird. Denn dann werden neue, noch größere und leistungsfähigere erdgebundene Teleskope als bisher arbeiten und aussagekräftigere Beobachtungen liefern als das mit den heutigen Instrumenten der Fall ist. Eines dieser Gigafernrohre ist das fast 40 Meter durchmessende „European Extremely Large Telescope" (E-ELT), dessen Fertigstellung für 2024 geplant ist.

Zu diesen neuen bodengebundenen Sternwarten werden sich im Erdorbit kreisende Weltraumobservatorien mit weiterentwickelten Sensoren gesellen, wie das James-Webb-Space-Telescope. Doch: Nach welchen „Lebenszeichen" sollen sie suchen, und welche Planeten kommen für exoterrestrisches Leben in Frage? Um das zu beantworten und entsprechende Strategien zu entwickeln, müssen zuerst zwei andere Fragen geklärt werden. Erstens: Was ist Leben? Und zweitens: Welche Bedingungen muss ein Exoplanet aufweisen, damit es auf seiner Oberfläche zur Entwicklung von Leben kommt?

Was ist Leben?

Eine einfache Antwort auf diese Frage könnte lauten: „Leben ist das, was sich in seinen vielfältigen Formen auf unserer Erde entwickelt hat und existiert." Das ist im Grunde eine gute Beschreibung, doch bis heute gibt es keine einheitliche Definition des Phänomens „Leben". Denn die Übergänge vom Unbelebten zum Leben sind fließend und vielfältig, weshalb sich die Wissenschaft auf die Beschreibung von Mindestanforderungen, von notwendigen strukturellen und dynamischen Eigenschaften konzentriert. Konsens dürfte heute darüber herrschen, dass Leben durch drei Hauptmerkmale bestimmt ist:

- die Reproduktion, d. h. die Fähigkeit zur Erzeugung von Organismen gleicher Art,
- die Mutation, also erbliche Veränderungen als Voraussetzung für die Entstehung einer Vielfalt von Lebewesen – gepaart mit der Selektion, dem Überleben derjenigen, die neu auftretenden Umweltbedingungen am besten angepasst sind, wie sie zum Beispiel nach Katastrophen wie Vulkanausbrüchen herrschen.

- ein Metabolismus: die Aufnahme, der Transport und die Umsetzung von Energie und Material aus der Umgebung in einem Organismus sowie die Abgabe von Stoffwechselendprodukten an die Umgebung.

Moderate Temperaturen

Damit sich Leben entwickeln und vor allem aktiv sein kann, müssen günstige Umweltbedingungen herrschen. So dürfen die Temperaturen weder zu hoch noch zu niedrig sein. Sind sie niedrig, können die Eiweißmoleküle nicht oder nur langsam miteinander reagieren, im Extremfall also keine Verbindungen eingehen; im anderen Fall zerfallen sie sehr schnell wieder. Wenn man nun bedenkt, dass die Temperaturskala im Kosmos von -273 °C, dem absoluten Nullpunkt, bis zu mehreren Milliarden Grad im Zentrum bestimmter Sterne reicht, so ist der für Leben geeignete Temperaturbereich von 0 bis +70 Grad sehr schmal.

Der Weltraum und die Sterne scheiden deshalb als Umwelt für Leben von vornherein aus – jedenfalls in den uns bekannten Formen –, zumal auch die dort herrschende kosmische Strahlung für Leben tödlich ist.

In welchen Extremumgebungen Leben existieren kann, zeigt sich an den Schwarzen Rauchern („Black Smoker") am Tiefseeboden der Ozeane. Sie sind ein Biotop für verschiedene, dieser Umgebung angepasste Lebewesen, wie die gut zu erkennenden Spinnenkrabben.

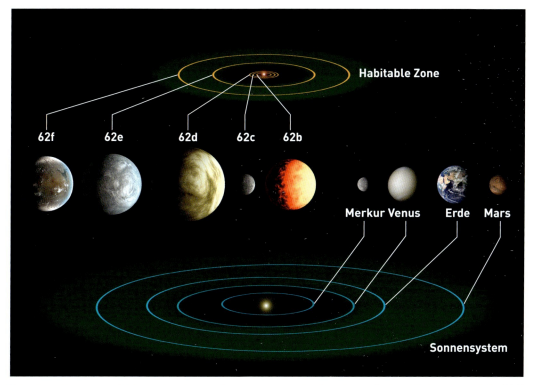

Das Planetensystem Kepler-62 und unser Sonnensystem: Der Exoplanet Kepler-62 f bewegt sich ähnlich der Erde in der habitablen Zone. Kepler-62 e liegt dagegen wie die Venus am inneren Rand. Kepler-62 c ist nur so groß wie der Mars.

Extreme Werte

Natürlich kann Leben für gewisse Zeit auch außerhalb dieser Temperaturgrenzen existieren. Im Falle von Kältegraden können Lebewesen durch Energieumsetzungen oder Schutzvorrichtungen, beispielsweise Pelze oder Fettpolster, in ihrem Körper eine höhere Temperatur aufrechterhalten – manche auch, indem sie in den Winterschlaf oder in eine Kältestarre verfallen, was aber immer nur für eine bestimmte Zeit geschieht. Samen oder Sporen können sogar sehr tiefe Kälte in latentem Zustand überstehen: Ihre Lebensfunktionen sind sozusagen eingefroren, können aber bei steigender Temperatur wiedererweckt werden. Auf der anderen Seite wird ein Erhitzen auf rund +100 Grad Celsius von einigen primitiven Lebewesen für kurze Zeit ohne ernste Schädigungen überstanden. Aber selbst für soge-

nannte extremophile Mikroorganismen, die in extrem säurehaltigen Seen oder „nur" im heißen Wasser der Geysire oder tief im Eis der Polargebiete leben, bildet letztendlich die Temperatur eine Grenze. Leben in den Tiefen der Erdkruste mit ihren weit höheren Hitzegraden zeigt, wie widerstandsfähig Leben ist.

Wasser als Elixier des Lebens

Eine adäquate Temperatur ist nicht die einzige Forderung, die für Leben an die Umwelt zu stellen ist. Eine weitere ist das Vorhandensein von Wasser. Die Baustoffe des Lebens müssen in einer Flüssigkeit gelöst sein: Sie ist das Medium, durch das sie zueinander finden und große Moleküle bilden oder im Körper einfach nur von einem Ort zum anderen transportiert werden. Man

Leben im Sonnensystem

So könnte der Mars in seiner Frühzeit mit Wasser bedeckt ausgesehen haben.

Noch ist unsere Erde der einzige bekannte Hort des Lebens im Sonnensystem. Die Teleskopbeobachtung der Planeten und Monde änderte wenig an dieser Erkenntnis. Lediglich dem Planeten Mars wurde auch eine solche Rolle zugestanden. So zeigt er Polkappen, die sich im Wechsel der Jahreszeiten verändern, und dunkle, scheinbar durch Vegetation geprägte Gebiete, die diesem Rhythmus ebenfalls unterworfen sind. Allerdings ließen die ausgedehnten, rötlich leuchtenden Wüstengebiete nur auf niederes Leben schließen. Alle anderen Welten des Sonnensystems wurden wegen ihrer extremen Oberflächenverhältnisse (giftige Atmosphären, niedrige Temperaturen, das Fehlen einer Lufthülle) und Temperaturschwankungen als lebensfeindlich angesehen. Ein Umdenken begann durch die Raumsondenflüge zu den Planeten und deren Monden sowie durch grundsätzlich neue Erkenntnisse der Biologie über das Phänomen „Leben", das offenbar selbst un-

ter extremen Bedingungen existieren kann. So wissen wir, dass es auf dem Mars früher einmal Wasser in flüssiger Form gegeben hat und sich heute noch in gefrorenem Zustand unter der Oberfläche befindet. Und wir wissen ebenfalls, dass Mars in der Frühzeit seiner Geschichte eine erheblich dichtere Atmosphäre sowie moderatere Temperaturen als heute besaß – günstige Voraussetzungen für die Entwicklung von Leben, wenn auch nur primitiver Art. Es könnte sich in Spuren noch heute unter der Marsoberfläche aufhalten, doch das wird sich wahrscheinlich erst durch Untersuchungen vor Ort im Rahmen einer bemannten Landung klären lassen.

Wenn man die Existenz von flüssigem Wasser als wichtigste Voraussetzung für die Entwicklung von Leben sieht, dann kommen noch weitere Orte im Sonnensystem in Betracht, obwohl sie auf den ersten Blick lebensfeindlich erscheinen. So deuten die zahlreichen Risse in der Eiskruste des Jupitermonds Europa darauf hin, dass unter dieser gefrorenen, zwei bis 18 Kilometer dicken Hülle ein Ozean aus flüssigem Wasser liegt, dessen Höchsttiefe wahrscheinlich bis 100 Kilometer beträgt. Beide bilden die Kruste des 3121 Kilometer durchmessenden Mondes. Sie sollte wegen der großen Entfernung dieses Jupitertrabanten von der Sonne – rund 800 Millionen Kilometer – eigentlich total gefroren sein. Doch die von Jupiter und seinen anderen Monden hervorgerufenen Gezeitenkräfte verformen durch ihr Ziehen und Drücken ständig diesen Jupiterbegleiter. Diese Bewegungsenergie wird zum Teil in Wärme umgewandelt, und diese Gezeitenwärme hält das Wasser unter dem Eismantel flüssig. Die Menge des Wassers, die Europa besitzt, ist größer als die aller irdischen Ozeane zusammen. Theoretisch könnte es in dieser Schicht unter Europas Eisdecke Leben geben. Der steinige Meeresboden des Mondmantels könnte die für das Leben richtigen Elemente enthalten; und Substanzen, die von der Oberfläche zum Meeresboden sickern, könnten Energie liefern. Es wäre eine Welt ähnlich der irdischen Tiefsee mit ihren Plattengrenzen und Unterwasserschloten (den „Black Smokern").

Ähnliche Verhältnisse dürften auf dem Saturnmond Enceladus herrschen. Schwerefeldmessungen deuten darauf hin, dass sich unter dem 30 bis 40 Kilometer mächtigen Eis der Südpolarregion mit ihren Gebieten des Kryovulkanismus ein zehn Kilometer tiefer Ozean aus Wasser befindet oder Kammern mit dieser Wassermenge. Die große Frage ist jedoch, wieviel Wasser es tatsächlich ist, und ob es lange genug flüssig war, damit Leben entstehen und sich entwickeln konnte.

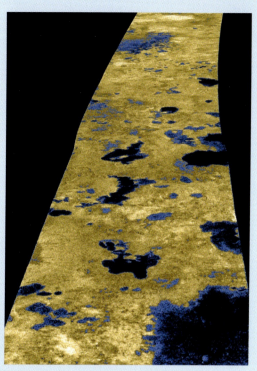

Die Titanoberfläche mit ihren Methan-Seen, nach Radarbeobachtungen der Raumsonde *Cassini*.

Der Jupitermond Europa mit seinen drei Schichten: Kern aus flüssigem Eisen, mächtiger Mantel aus Silikatgesteinen; äußere Schicht aus Wasser mit einem „Ozean" und einem umhüllenden Eispanzer.

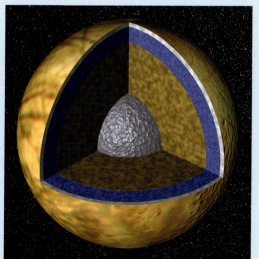

Am aussichtsreichsten dafür gilt der größte Saturnmond, Titan. Unter seiner dichten Atmosphäre – die einzige eines Mondes im Sonnensystem – konnten durch die *Cassini-Huygens*-Mission Flüsse, Seen und Regen festgestellt werden. Sie bestehen allerdings nicht aus Wasser, sondern aus flüssigen Kohlenwasserstoffen wie Methan und Ethan. Ob unter diesen Bedingungen Leben entstanden ist und in welchen Formen es existieren könnte – darüber kann nur spekuliert werden. Aber die Verhältnisse auf Titan – vor allem, was dessen Atmosphäre angeht – dürften denen auf der frühen Erde ähnlich sein, so dass zumindest Vorstufen des Lebens nicht auszuschließen sind.

Die Distanz der habitablen Zone vom Stern ist abhängig von der Sternmasse und damit auch von dessen Leuchtkraft. Mit zunehmender Stern-Strahlungsleistung wandert die habitable Zone nach außen.

sollte sich darüber hinaus auch ins Bewusstsein rufen, dass fast alle uns bisher bekannten Organismen zum größten Teil aus Wasser bestehen. Beispielsweise nimmt jeder Mensch im Durchschnitt täglich 2,3 Liter Wasser in Form von Speisen und Getränken zu sich und setzt durch seinen Stoffwechsel weitere 0,35 Liter Wasser frei. Selbst die scheinbar so bedürfnislosen Wüstenpflanzen kommen ohne Wasser nicht aus. Entweder entnehmen sie winzige Mengen aus dem Boden und der Luft oder sie sind in der Lage, die lebensnotwendige Flüssigkeit während kurzer Regenperioden zu speichern und durch besondere Vorrichtungen seine Verdunstung auf ein Minimum zu reduzieren. Betrachtet man unter dieser zweiten Voraussetzung die Erdgeschichte mit ihrer Evolution des Lebens, dann lässt sich feststellen: Nicht ohne Grund hat die Entwicklung des irdischen Lebens erst begonnen, nachdem sich genügend flüssiges Wasser auf der Erde angesammelt hatte.

Wasser muss auch einen Raum haben, wo es sich sammeln und vom Leben genutzt werden kann. Das ist am besten auf der festen Oberfläche eines Planeten mit schützender Atmosphäre sowie schützendem Magnetfeld der Fall, und zwar auf sogenannten Gesteins- oder Felsplaneten.

Es sind die Super- und Mega-Erden, und vor allem die noch nicht gefundenen „Terra-Planeten", die in allen Bedingungen unserer Erde ähneln. Damit verbunden ist die Anforderung, dass sie in einem Abstand um ihren Zentralstern kreisen, der so beschaffen ist, dass durch den Strahlungseinfall keine extremen Temperaturen auf der Oberfläche herrschen. Denn sonst würde sich das dort vorhandene flüssige Wasser bis auf wenige Reste ins Weltall verflüchtigen oder zu einem den Planeten bedeckenden Eispanzer gefrieren. Ein „lebenswerter" Exoplanet muss sich deshalb in der sogenannten habitablen Zone seines Muttersterns aufhalten – wie es bei der Erde natürlich der Fall ist.

Habitable Zonen

Der Mutterstern sollte außerdem sonnenähnlich sein, was seine physikalischen Eigenschaften und vor allem sein Alter betrifft, denn die Evolution des Lebens braucht lange Zeit – besonders dann, wenn es um höher entwickelte Formen geht. Deshalb ist ein lang andauernder stabiler Zustand des Zentralgestirns unabdingbare Voraussetzung. In diesem Zusammenhang spielen die Masse sowie die Größe des Sterns eine Rolle. Massereichere Sterne als die Sonne verbrennen ihre Energie zu schnell und haben daher eine relativ kurze Lebensdauer – meist unter einer Milliarde Jahre. Und das ist für die Entwicklung des Lebens in einer bewohnbaren Zone nicht ausreichend. Lange Zeit ging man davon aus, dass habitable Zonen nur um sonnenähnliche Sterne möglich sind. Unsere Sonne bildet zusammen mit zahlreichen anderen Sternen im „Hertzsprung-Russell-Diagramm" die sogenannte Hauptreihe, einen diagonal verlaufenden Ast in der 1911 von den Astronomen Ejnar Hertzsprung (1873–1967) und Henry Norris Russell (1877–1957) erstmals veröffentlichten grafischen Darstellung der Sternzustände, abhängig von ihrer Farbe und Helligkeit. Hervorstechendstes Merkmal eines Hauptreihensterns ist, dass er in seinem Zentrum Wasserstoff in Helium umwandelt (siehe Seite 136).

Rote Zwerge

Berechnungen für andere Hauptreihensterne führten zu dem Ergebnis, dass auch rote Zwergsterne eine habitable Zone und damit Leben tragende Planeten besitzen können. Rote Zwerge sind die kleinsten Sterne, die in ihrem Zentrum Wasserstoff zu Helium fusionieren. Dreiviertel aller Sterne zählen zu ihnen, und von den 30 nächstgelegenen Sternen sind 20 Rote Zwerge. Aber diese Sterne leuchten so schwach, dass keiner von ihnen von der Erde aus mit bloßem Auge zu sehen ist. Ihre Masse beträgt zwischen acht und 50 Prozent der Masse unserer Sonne. Unterhalb dieser Mindestmasse würde keine Wasserstofffusion mehr stattfinden – diese Ob-

Farbe und Temperatur der Sterne

Mit den Sternen ist es ähnlich wie mit den Menschen: Sie unterscheiden sich in Aussehen (körperliche Gestalt und Hautfarbe), Charakter sowie durch ihr Verhalten voneinander. Bei den Sternen spricht man von „Zustandsgrößen". Eine davon ist die Farbe: Schon mit bloßem Auge kann man am Himmel erkennen, dass es Sterne mit unterschiedlichen Farben gibt. Im Sternbild Orion findet man zum Beispiel den roten Stern Beteigeuze (links oben) und den weißblauen Stern Rigel (rechts unten). Beobachtet man mit Hilfe eines Teleskops sogenannte Doppelsterne, dann zeigen sich bei diesen Sternpaaren zahlreiche Farbkombinationen. Ein besonders schönes Beispiel ist der Doppelstern Albireo im Sternbild Schwan: Der gelbe Hauptstern hat einen bläulichen Begleiter (siehe Abb. auf Seite 42).

In welcher Farbe ein Stern leuchtet, hängt von seiner Temperatur ab. Mit steigender Temperatur verschiebt sich das Strahlungsmaximum von Rot über Gelb nach Blau. Ähnliches kann man beobachten, wenn man ein Stück Eisen erhitzt. So leuchten sehr heiße Sterne blau und weiß, kühlere Sterne wie unsere Sonne gelblich, Sterne mit niedriger Oberflächentemperatur rötlich. Sind sie um ein Vielfaches größer als unsere Sonne, werden sie als Rote Riesen bezeichnet – im entgegengesetzten Fall spricht man von Roten Zwergen. Die Temperatur bestimmt auch die im Sternspektrum vorhandenen Absorptionslinien. So sind die vom Wasserstoff erzeugten Linien bei sehr heißen Sternen extrem deutlich ausgeprägt, während bei Sternen vom Typ unserer Sonne Linien erscheinen, die durch verschiedene Metalle hervorgerufen werden. Die Spektren sehr kühler, roter Sterne zeigen breitere dunkle Bänder, die von Molekülen stammen.

Das Leben der Sterne

Ähnlich einem Menschenleben lässt sich der Werdegang von Sternen in verschiedene Abschnitte einteilen: Geburt, Säugling, Kindheit, Jugend, Erwachsensein, Alter und Tod. Ein großer Unterschied ist natürlich der Zeitraum: Das Sternenleben währt Millionen, ja Milliarden Jahre, weshalb es nie als Ganzes an einem individuellen Stern verfolgt werden kann. Astrophysiker sind in der ähnlichen Situation wie eine Eintagsfliege, die vor der Aufgabe steht, den Lebenslauf eines Menschen zu beschreiben. Wegen ihrer kurzen Lebensspanne ist das für sie im Grunde unlösbar. Ihre einzige Möglichkeit besteht darin, aus Beobachtungen unterschiedlich alter Menschen auf den Verlauf des menschlichen Lebens zu schließen. Und so machen es auch Astronomen, denen sich Sterne in verschiedenen Entwicklungsstadien zeigen.

Das Leben von Sternen beginnt mit der Verdichtung von Materie, die in ausgedehnten Nebeln – vornehmlich aus Wasserstoff – vorkommt. Der Orionnebel ist ein solches Beispiel. Durchläuft nun die Schockwelle einer Sternexplosion (Supernova) eine dieser Raumregionen, verdichten sich dort Teile zu immer größeren Materieansammlungen. Sie kollabieren, und in ihrem Zentrum entsteht ein Gebilde, das als „Protostern" bezeichnet wird. Um ihn bildet sich eine drehende Scheibe (Akkretionsscheibe), die schwere und leichte Partikel enthält, aus denen dann ein Planetensystem hervorgehen kann.

Der Protostern ist mit einer Temperatur von –170 °C anfangs noch recht kalt; und so dauert es rund 100.000 Jahre, bis seine Dichte einen Wert von zehn bis 100 Milliarden Moleküle pro Kubikzentimeter erreicht. Die dabei freigesetzte Wärme wird auf den umliegenden Staub abgeführt, so dass die Temperatur zunächst noch stagniert. In diesem Stadium hat der Stern eine sehr große Ausdehnung von 1000 AE und im Vergleich dazu eine sehr geringe Masse von 100 Sonnen. Aber wenn die Dichte auf über 100 Milliarden Moleküle pro Kubikzentimeter anwächst, versagt der Kühlungsprozess, und die Wasserstoffmoleküle werden zu atomarem Wasserstoff gespalten. Steigt die Temperatur im Zentrum des Protosterns auf über zehn Millionen Grad, dann kommt der Fusionsprozess in Gang, bei dem Wasserstoff- zu Heliumkernen verschmolzen werden – ein neuer Stern ist entstanden. Durch die Kernfusion gleichen sich der von innen nach außen wirkende Gas- und Strahlungsdruck mit der Eigengravitation des Sterns aus. Nun bleiben Größe und Temperatur etwa zwei Millionen bis mehrere Milliarden Jahre lang stabil. Je größer seine Masse ist, desto kürzer verweilt der Stern in diesem ausgeglichenen Zustand. Unsere Sonne ist ein Stern mittlerer Größe und leuchtet Milliarden Jahre.

Dieser Zeitraum von einigen Milliarden Jahren ist ausreichend, damit sich auf einem Planeten in der habitablen Zone um den Stern Leben entwickeln kann, weshalb Zwergsterne vom Typ unserer Sonne Kandidaten für lebenstragende Exoplaneten sind. In rund 5,5 Milliarden Jahren wird unsere Sonne ihren Wasserstoff größtenteils in Helium umgewandelt haben. Dann kann nicht mehr genügend Hitze erzeugt werden, und das Gleichgewicht aus Gravitation und Strahlungsdruck kommt aus dem Takt. Hat ein Stern weniger als 0,9 Sonnenmassen, ist das Ende der Entwicklung erreicht, er wird zu einem Weißen Zwergstern. Bei schwereren Sternen steigt die Temperatur im Zentrum durch das weitere Zusammenziehen enorm an, und die nächste Fusionsstufe beginnt. Es ist die Umwandlung von Helium zu Kohlenstoff und Sauerstoff. Gleichzeitig setzt in der das Zentrum umgebenden Schicht das Wasserstoffbrennen ein. Bei diesem Prozess wird wie einst im Sternzentrum Wasserstoff zu Helium fusioniert. Beide Energieerzeugungsprozesse treiben die Außenhülle des Sterns auseinander – er wird zu einem Roten Riesenstern. Dessen Wasserstoff-Heli-

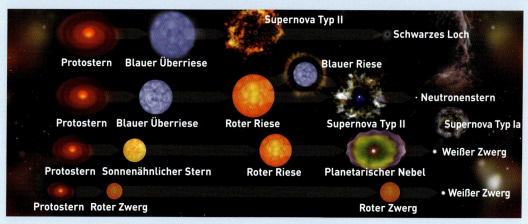

| Der Lebensweg eines Sterns hängt von seiner Ursprungsmasse ab.

umhülle verflüchtigt sich ins All, wo sie einen sogenannten Planetarischen Nebel bildet. Der Kern aus Kohlenstoff-Stickstoff glüht unterdessen langsam aus, worauf dieser Sterntyp ebenfalls als Weißer Zwerg endet.

Bei sehr massereichen Sternen von mindestens zehn Sonnenmassen bleibt nach dem Ende der Kohlenstofffusion genügend Masse übrig, und es setzen das Neonbrennen und das Sauerstoffbrennen ein. Hier entsteht bei 1,2 beziehungsweise zwei Milliarden Grad Magnesium beziehungsweise Silizium, Schwefel und Phosphor. In der letzten Stufe schließlich bildet sich bei über drei Milliarden Grad beim Siliziumbrennen Eisen. Dabei bläht sich der Stern immer weiter auf und wird schließlich zum Roten Überriesen. Nun endet die Fusionskette endgültig, und die hohen Temperaturen, die im Eisenkern des Sterns herrschen, zertrümmern die Atomkerne in Protonen und Neutronen. Der Zerfall der Atomkerne des Eisens lässt den Stern instabil werden. Er kollabiert innerhalb von Zehntelsekunden. Dabei wird die Schwerkraft im Sterninneren so hoch, dass Elektronen in Protonen gepresst werden. Dadurch werden diese zu Neutronen, und es entsteht ein Neutronenstern.

Unter der ungeheuren Schwerkraft stürzen die Außenbereiche des Sterns auf das aus Neutronenmaterie bestehende Innere zu und prallen an der extrem harten Oberfläche zurück. Dadurch werden die Massen ins All geschleudert, wobei die plötzliche Zunahme der Oberfläche eine enorme Steigerung der Leuchtkraft verursacht: Es kommt zu einer Supernova. Sie leuchtet so hell wie Milliarden Sterne.

Der „Grabstein" eines solchen Sterntodes ist ein ultrakompakter Neutronenstern oder gar ein Objekt von derart großer Massekonzentration und damit einer Schwerkraft, die nicht einmal das Licht mehr überwinden kann: ein Schwarzes Loch. Doch gleichzeitig werden bei einer Supernovaexplosion leichte und schwere Elemente ins All hinausgeschleudert, wo sie den Baustoff für neue Sterne und Planeten bilden. An anderer Stelle, wo diese Elemente sich in Form riesiger, hell leuchtender Gas- und dunkler Staubwolken angesammelt haben, sorgen die Schockwellen einer Supernovaexplosion dafür, dass dort das Erbe eines vergangenen Sternes angetreten wird: Die Wolke kollabiert und leitet die Entstehung neuer Sterne und Planeten ein.

| Auf einigen Planeten in einem Roter-Zwerg-Sonnensystem könnte sich durchaus Leben entwickelt haben.

jekte werden als Braune Zwerge bezeichnet. Ein typischer Roter Zwerg der Spektralklasse M hat zehn Prozent der Sonnenmasse und ein Fünftel ihres Durchmessers. Wegen ihrer geringen Masse vollzieht sich in Roten Zwergen die Umwandlung von Wasserstoff zu Helium wesentlich langsamer als bei Sternen wie unserer Sonne. Entsprechend niedriger ist auch ihre Oberflächentemperatur: Sie liegt unter 4000 °C (Sonne: 5500 °C).

„Lebenswerte" Planeten bei Roten Zwergen?

Seit 2005 wurden zahlreiche Planeten entdeckt, die Rote Zwerge umkreisen. Nach all dem, was wir bisher über die Kriterien und Existenzbedingungen von Leben diskutiert haben, könnte sich auf Roten-Zwergstern-Planeten durchaus Leben entwickelt haben. Allerdings gibt es mehrere Faktoren, die das erschweren. So müssten

die Planeten in recht geringer Distanz um den Zentralstern kreisen – etwa in einem Bereich zwischen 0,04 und 0,2 AE, um genügend Licht und Wärme zu erhalten. Aber durch die auftretenden Gezeitenkräfte würde ein solcher Planet eine gebundene Rotation um seinen Stern vollführen; eine Seite des Planeten wäre seiner Sonne immer zugewandt, auf der anderen herrschte permanent Nacht. Die Folge wären extreme Temperaturunterschiede, die aber durch eine dichte Atmosphäre und mögliche Ozeane ausgeglichen werden könnten. Ein anderes Problem ist die Art der Strahlung, welche die Roten Zwerge abgeben. Sie liegt zum großen Teil im Infrarotbereich. Irdische Pflanzen verwenden dagegen hauptsächlich Energie aus dem sichtbaren Bereich des Lichtspektrums. Allerdings gibt es auch Bakterienarten, die theoretisch mit langwelligem Licht für ihre Photosynthese auskommen könnten. Landpflanzen auf einem Roter-Zwerg-Planeten wären dann auch nicht grün, sondern wahrscheinlich schwarz. Fraglich ist in diesem Zusammenhang, ob es dort Wasserpflanzen geben könnte, denn Wasser ist für langwelliges Licht kaum durchlässig – bereits in geringer Wassertiefe herrscht komplette Dunkelheit.

Vielleicht müssen wir uns über diese Fragen gar keine Gedanken machen. Denn eine von zwei Astronomen mit Hilfe von Computersimulationen vorgenommene Berechnung zeigt, dass gerade M-Zwergsterne die Atmosphäre und das Wasser der ihnen nahen Planeten in der Frühphase des Systems wegbrennen könnten. Sonnen dieser Spektralklasse brauchen wegen ihrer schwächeren Schwerkraft und langsameren Kontraktion erheblich länger, um sich zu einem Stern zusammenzuziehen. Für die Planeten entstünde eine kritische Phase, in der die Oberfläche über 1000 °C heiß würde, so dass die Wasserreservoire wahrscheinlich vollständig verdampften und eine dichte Dampfatmosphäre bildeten. Außerdem würden die oberen Schichten der Atmosphäre unter der in dieser Zeit freigesetzten intensiven Röntgen- und UV-Strahlung des nahen Sternes zum Teil zerstört werden und verloren gehen. Vor allem der leichtere Wasserstoff könnte aus den durch die Strahlung zerstörten Wassermolekülen ganz entweichen, während gleichzeitig der übrigbleibende Sauerstoff die Atmosphäre stark anreichern würde. Der aber wäre in hoher Konzentration möglicherweise für die ersten Lebensformen tödlich. Damit würde die Wahrscheinlichkeit deutlich sinken, auf Planeten um M-Klasse-Sterne lebensfreundliche Bedingungen vorzufinden. Das wäre schade, denn diese Sterne gehören, wie anfangs gesagt, zu den häufigsten Sternen überhaupt und sind neben den G-Sternen wie unsere Sonne die aussichtsreichsten alternativen Suchobjekte für Exoplaneten der belebten Art.

Exoplaneten in einer habitablen Zone

Zu Beginn des Jahres 2011 veröffentlichte die NASA die vorläufigen Beobachtungsergebnisse der *Kepler*-Mission. Der Satellit beobachtete von 2009 bis 2013, dem Jahr seiner Abschaltung, 160.000 Sterne mit der Transitmethode. Bislang

Das Buchstabenschema der Sterne

Sterne werden nach den unterschiedlichen Temperaturen und Erscheinungsformen ihres Spektrums in Spektralklassen eingeteilt, die mit den Großbuchstaben O, B, A, F, G, K und M bezeichnet werden. Die Sequenz von O bis M entspricht einer Folge von Temperaturen der heißen Sterne zu den kühleren Sternen, die sich wiederum in den Sternfarben zeigt. So sind O- und B-Typ-Sterne beispielsweise blau und sehr heiß, mit Temperaturen von etwa 10.000 bis 30.000 °C; Sterne des A-Typs sind weiß und haben Temperaturen von circa 10.000 °C; G-Typ-Sterne wie die Sonne leuchten gelb und besitzen eine Oberflächentemperatur von etwa 5500 °C; und rote M-Typ-Sterne zählen zu den verhältnismäßig kühleren Sternen mit Temperaturen von nur 2000 °C. Diese Klassen werden noch einmal in zehn Untergruppen eingeteilt, wobei 0 für die heißesten und 9 für die kühlsten Sterne innerhalb der betreffenden Klasse steht. Ebenso gibt es noch eine sogenannte Leuchtkrafteinteilung – man könnte auch von Größenzuordnung sprechen – mit Hilfe römischer Ziffern I bis V: So steht I für Sterne des Typs „Überriese", II für Heller Riese, III für Normaler Riese, IV für Unterriese und V für einen Hauptreihenstern. Unsere Sonne ist nach dieser Einteilung ein Stern der Klasse G2V.

(Februar 2015) sind die Forscher auf 4200 Kandidaten für Exoplaneten gestoßen. Von diesen wurden 1022 als Exoplaneten bestätigt. Danach können mehr als 50 der 1800 aufgelisteten Planetenkandidaten innerhalb einer habitablen Zone liegen. Darunter sind Kepler-22 b und der Planet Gliese 581 c. Er liegt in einer Zone, die Bedingungen wie auf dem frühen Mars ermöglicht. Allerdings beruhen diese Annahmen auf Modellrechnungen. Dagegen galt seit April 2014

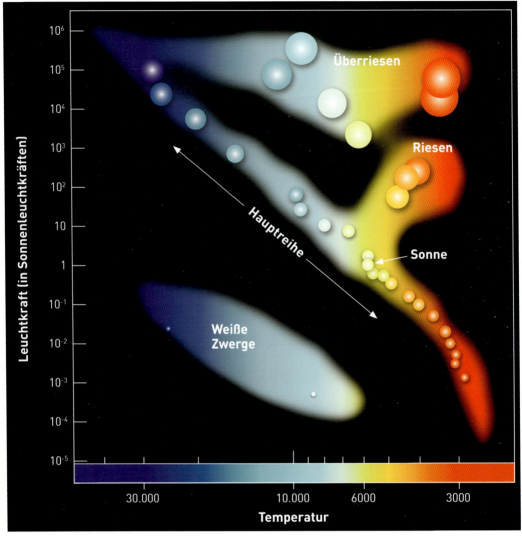

Das Hertzsprung-Russell-Diagramm erlaubt anschaulich die Klassifizierung der einzelnen Sterne und ihrer Entwicklung sowie den Vergleich mit unserer Sonne.

Kepler-186 f als erdähnlichster in einer habitablen Zone kreisender Planet, was durch das Auffinden der beiden Planeten Kepler-438 b und -442 b, Anfang 2015 gemeldet, überholt wurde. Möglich sind auch Leben tragende Planeten, die eine derart exzentrische (also weit über die Kreisform hinausreichende) Umlaufbahn besitzen, dass sie sich nur zeitweise in der habitablen Zone aufhalten. Sie könnten von Mikroorganismen besiedelt sein, die bei sehr hohen oder niedrigen Temperaturen „schlafen" und beim Durchqueren der habitablen Zone „aufwachen".

Weitere habitable Zonen

Das Konzept der habitablen Zone wurde 2001 auf Galaxien erweitert. Als Maßstab wurde das Vorhandensein der für Planeten und Leben notwendigen schweren Elemente und die Sternbildungsrate genommen. Ist ein Stern mit seinem Planetensystem zu dicht an einer Supernovaexplosion angesiedelt, die sich bevorzugt in Regionen mit aktiver Sternbildung ereignen, wird die Entwicklung einer Atmosphäre zu stark gestört und der Planet zu hoher Dosen kosmischer Strahlung ausgesetzt, so dass dauerhaftes Leben kaum eine Chance hat. In Spiralgalaxien wie unserer Milchstraße steigt die Rate der Supernovaexplosionen stark an, je näher man dem galaktischen Zentrum kommt. Folglich liegt die galaktische habitable Zone als Ring um diesen Mittelpunkt. Allerdings sind viele Parameter noch zu unsicher, und so ist es durchaus möglich, dass die gesamte Milchstraße als „bewohnbar" gelten kann.

Wie alt kann Leben sein und werden?

Wenn man all das zusammennimmt, was wir bisher über die Entwicklung der Galaxien seit dem Urknall wissen sowie über die Strukturentwicklung der Galaxienhaufen, und wenn wir ferner von den Erfahrungen der chemischen Evolution

Nur Exoplaneten um Sterne im Bereich der galaktischen habitablen Zone kommen für die Entstehung von Leben in Frage.

Galaktische habitable Zone

Sonne

Das Hertzsprung-Russell-Diagramm

Das bekannteste Ordnungsschema in der Astronomie – man kann auch von einer Art Steckbrief sprechen – ist das Hertzsprung-Russell-Diagramm, kurz HRD genannt. In diesem Diagramm wird die absolute, also wirkliche Helligkeit der Sterne gegen die Spektralklasse, bezeichnet mit der Großbuchstabenfolge O, B, A, F, G, K, M, eingetragen. Hierbei zeigt sich, dass die meisten Sterne auf einem breiten Band liegen. Es verläuft in der Grafik von links oben nach rechts unten und wird „Hauptreihe" genannt. Unsere Sonne ist ein typischer Hauptreihenstern. Und auf dieser Hauptreihe liegen auch die in diesem Kapitel behandelten M-Sterne. Oberhalb der Hauptreihe ist der Bereich der Riesen- und Überriesen-Sterne mit großem Durchmesser und hoher Leuchtkraft angesiedelt. Im Gegensatz dazu sind die Sterne am linken unteren Rand des Diagramms sehr klein. Sie heißen „Weiße Zwerge", haben hohe Oberflächentemperaturen, aber wegen ihres kleinen Durchmessers nur geringe Helligkeiten. Die Dichte der Sternmaterie beträgt bei Weißen Zwergen bis zu mehreren 100 kg/cm³. Eine Streichholzschachtel voll Materie eines Weißen Zwergs würde auf der Erde mehrere Tonnen wiegen.

auf der Erde ausgehen, dann lässt sich feststellen: Leben kann im Universum seit mindestens 3,5 Milliarden Jahren existieren, wahrscheinlich seit höchstens fünf Milliarden Jahren. Auf der anderen Seite wird sich der Aufbau der Elemente durch die Kernreaktionen in den Sternen in Zukunft so weit verlangsamen, dass voraussichtlich in zehn bis 20 Milliarden Jahren geologisch wichtige radioaktive Elemente in ausreichender Menge im interstellaren Medium vorhanden sein werden, um auf neu entstandenen Planeten eine Plattentektonik in Gang zu halten. Sie ist ja der Motor, durch den der für das Leben wichtige Karbonat-Silikat-Zyklus entsteht.

Die Drake-Gleichung

Im Jahr 1961 schlug der Astronom Frank Drake (*1930) auf einer Tagung im Observatorium Green Bank (USA) eine Formel vor, um ein wissenschaftlich akzeptables Maß für die Anzahl von intelligenten Zivilisationen im Weltall zu besitzen. Sie ist in die Geschichte als „Drake-Gleichung" oder „Green-Bank-Formel" eingegangen und lautet:

$$N = R^* \times f_p \times n_e \times f_l \times f_i \times f_c \times L$$

Die Buchstaben in der Formel bedeuten:

- N ist die Zahl der heute bekannten intelligenten Zivilisationen, die kommunizieren können
- R^* ist die Sternentstehungsrate einer Galaxie, gemittelt über deren Lebensdauer
- f_p ist der Anteil der Sterne mit Planeten
- n_e ist der Anteil der „Erden" pro Planetensystem
- f_l ist der Anteil dieser Planeten, auf denen sich Leben entwickelt
- f_i ist der Anteil der belebten Planeten, auf denen sich intelligentes Leben entwickelt
- f_c ist der Anteil, auf denen sich technologische Zivilisationen entwickeln, und
- L ist die Überlebensdauer technologischer Zivilisationen.

Setzt man die heute bekannten Werte für die ersten drei Faktoren ein, wären 50 Millionen bewohnbare Planeten in der Milchstraße möglich und davon eine halbe Million erdähnlicher Planeten, auf denen sich zumindest niederes Leben im globalen Rahmen entwickelt haben könnte. Aber es gibt auch Faktoren, die diese Zahl wieder verkleinern. So muss nach Computersimulationen ein großer Mond vorhanden sein, der die Rotationsachse seines Planeten stabilisiert und große Winkelschwankungen verhindert; die Umlaufbahn muss stabil sein; ein äußerer Riesenplanet sollte existieren, der einen erdähnlichen Planeten vor großen Kometen abschirmt und kleinere Körper so ablenkt, dass sie als Lieferanten für Stoffe wie Wasser dienen. Weiterhin

Die Goldlöckchenzone

Ein weiterer Name für die habitable Zone ist die „Goldilocks-Zone" („Goldlöckchen-Zone"). Sie geht zurück auf das von dem englischen Dichter und Autor Robert Southey 1837 veröffentlichte Märchen „Goldilocks and the Three Bears": Eine alte, durchtriebene Frau dringt darin in den Lebensraum dreier friedlicher und sauberer Bären ein, die gerade nicht anwesend sind. Sie probiert nacheinander deren Breischüsseln, Stühle und Betten aus, wobei sie die mittleren Größen als „gerade richtig" empfindet. Das Goldilocks-Prinzip beschreibt allgemein den goldenen Mittelweg abseits von Extremen. Die habitable Zone um einen Stern ist die goldene Mitte für Leben tragende Planeten: Sie sind ihrem Stern weder zu nah noch zu fern – daher die Adaption dieses Märchentitels als alternative Bezeichnung für die habitable Zone um Sterne.

kann diese Zahl durch katastrophale kosmische Ereignisse eingeschränkt werden, die die Biosphäre zerstören. Dazu zählen beispielsweise Einschläge von Kometen oder Asteroiden, Gammastrahlen-Ausbrüche oder gewaltige Materieausbrüche auf einem nahen Stern. Außerdem wissen wir einfach nicht, wie der typische evolutionäre Weg des Lebens aussieht oder wie lange eine technologische Zivilisation überlebt. Die maßlose Ausbeutung der Ressourcen, wie wir sie betreiben, die zunehmende Umweltzerstörung und Erwärmung des Klimas und die Entwicklung sowie Anwendung neuer Technologien mit ihren Gefahrenpotenzialen könnte eine weitere andauernde Existenz sehr in Frage stellen, so dass der Fortbestand der Zivilisation nicht mehr als einige hunderttausend Jahre währt.

Der Science-Fiction-Autor Isaak Asimov (1920–1992) stellte einmal folgende Rechnung auf: „Angenommen, die durchschnittliche Lebensdauer von Zivilisationen betrüge 600.000

Der US-amerikanische Astronom Frank Drake mit seiner 1961 vorgeschlagenen Formel, um die Wahrscheinlichkeit bewohnter Planeten abzuschätzen.

Jahre, dann würden nur wenige Hochkulturen gleichzeitig existieren. Auf 270 Planeten unserer Galaxis gäbe es eine Schrift, auf nur 20 Planeten würde moderne Wissenschaft betrieben, auf zehn Planeten hätte die industrielle Revolution den technischen Fortschritt bereits in die Endphase katapultiert, und auf zwei Planeten wäre die Schwelle zur Atombombe erreicht oder überschritten – aber: Die intelligenten Lebensformen stünden auch unmittelbar vor ihrer Selbstvernichtung!"

Wie sollen wir suchen?

Spuren intelligenten Lebens zu entdecken, das auf technischem Weg kommunizieren kann, wäre die einfachste Art und Weise, uns die Frage zu beantworten, ob Exoplaneten bewohnt sind. Hier gab und gibt es unter dem Namen SETI (Search for Extraterrestrial Intelligence) einige

Projekte, die bisher erfolglos verlaufen sind, zumal es bei manchen auch am notwendigen Geld fehlte, um sie über Jahre aufrecht zu erhalten. Diese Projekte fußen überwiegend auf der Annahme, dass sich fremde Intelligenzen durch die von ihnen künstlich erzeugte Radiostrahlung bemerkbar machen. Nach Meinung einiger Wissenschaftler existiert noch eine andere Möglichkeit, fremde Hochzivilisationen auszumachen, und zwar durch die von ihnen erzeugte erhöhte Wärmeproduktion. Nach den Gesetzen der Thermodynamik strahlt eine hochentwickelte Zivilisation durch ihre industriell geprägte Lebensweise Energie in Form von Wärme ab. Allein bei unserer, „nur" global agierenden Zivilisation hat das auf die Erde bereits gravierende Auswirkungen, wie man am Klimawandel erkennt.

Außerirdische Superzivilisationen könnten zahlreiche Solarkraftwerke in ihrem Planetensystem platzieren und mit ihnen die besiedelten Planeten, Monde und Asteroiden ausreichend

Wie kommuniziert man mit außerirdischen Zivilisationen?

Die Frage, ob es fern unseres Sonnensystems Planeten gibt, die von einer Zivilisation bewohnt werden, welche entweder dieselbe oder eine noch höhere Entwicklungsstufe als die unsere erreicht hat, wäre einfach, schnell und definitiv zu beantworten, gelänge es, irgendwelche Spuren von ihr zu finden. Diese Spuren könnten Artefakte sein, die sie auf der Erde oder dem Mond oder auf einer der übrigen Welten des Sonnensystems hinterlassen haben, wie es beispielsweise in dem Science-Fiction-Film „2001 – Odyssee im Weltraum" geschildert wird. Dazu müsste sie allerdings in der Lage sein, die gewaltigen Entfernungen im Universum zu überwinden, also die interstellare Raumfahrt beherrschen. Bisher wurden weder auf Erde noch an anderen Orten des Sonnensystems Spuren davon gefunden – auch wenn Bücher über Prä-Astronautik etwas anderes behaupten.

Die andere, wahrscheinlichere Möglichkeit, diese fundamentale Frage zu beantworten, ist, nach Funkbotschaften außerirdischer Intelligenzen zu suchen und selbst welche ins All zu schicken, in der Hoffnung, eine Antwort zu erhalten. Diese Kommunikationsstrategie durch Nutzung der Radiowellen als Empfangs- und Sendequelle wurde bereits von dem Erfinder, Physiker und Elektroingenieur Nikola Tesla (1856–1943) ins Auge gefasst. Er beschäftigte sich mit angeblichen Signalen vom Mars. Der US-amerikanische Astronom David Peck Todd (1855–1939) regte schon 1909 vergeblich an, mit einem Forschungsballon und Empfangsgerät nach extraterrestrischen Radiosignalen zu suchen; und der italienische Radiopionier und Nobelpreisträger Guglielmo Marconi (1874–1937) behauptete, im Rahmen seiner Versuche, Radiosignale von Außerirdischen auszumachen, solche Signale empfangen zu haben, was aber nicht bestätigt werden konnte.

Als historische Zäsur gelten die Bemühungen des US-Astronomen Frank Drake: Er startete am 21. April 1960 das Projekt „Ozma" (benannt nach der Königin von Oz – Hauptperson einer Fantasy-Buchreihe). Mit dem Radioteleskop des Green-Bank-Observatoriums durchsuchte er die Umgebung der beiden Sterne Tau Ceti und Epsilon Eridani nach auffälligen Signalen – fand aber keine. Doch mit diesen Versuchen begründete Drake ein einzigartiges Forschungsprojekt namens SETI: „Search for Extraterrestrial Intelligence", die Suche nach außerirdischem Leben. Im November 1961 wurde die erste SETI-Konferenz am Green-Bank-Observatorium abgehalten. Weitere SETI-Konferenzen wurden 1964 und 1971 am Byurakan-Observatorium in der ehemaligen Sowjetunion organisiert, die ebenfalls Suchprogramme ins Leben rief. Der US-Astronom Carl Sagan (1934–1996) und der sowjetische Astronom Josef Schklowski (1916–1985) veröffentlichten 1966 ein vielzitiertes Buch über SETI mit dem Titel „Intelligent Life in the Universe". Und die NASA diskutierte mit einer 1971 veröffentlichten Studie den Bau eines Radioteleskop-Arrays mit 1500 Spiegeln von je 91,5 Meter Durchmesser unter dem Namen „Zyklop". Allerdings waren die veranschlagten Kosten von rund zehn Milliarden Dollar zu hoch. In die Geschichte des SETI-Suchprogramms ging die 1974 vom Arecibo-Observatorium in Richtung des Kugelsternhaufens M 13 (rund 25.000 Lichtjahre entfernt) gesendete Radiobotschaft ein.

Seitdem hat es zahlreiche weitere SETI-Suchprojekte gegeben, und sie laufen weiterhin, so das SERENDIP und SEVENDIP von der University of California in Berkely. Hier forschen Wissenschaftler nach optischen Signalen und künstlich erzeugten Radiowellen im All, wie wir sie auf der Erde verwenden, um unsere Fernseh- und Hörfunkprogramme zu übertragen. Von derselben Universität wird ein Suchprogramm namens „SETI@home" betrieben. An ihm haben bereits sechs Millionen Freiwillige mitgearbeitet, indem sie ihre Computer für die Auswertung der Daten des in Puerto Rico stehenden 305 Meter durchmessenden Radioteleskops zur Verfügung stellten, um so nach ungewöhnlichen Mustern zu suchen. Derzeit sind es 128 Millionen Kanäle in einem schmalen Frequenzbereich von 300 Megahertz. Trotz dieser Anstrengungen seit über 50 Jahren konnte bisher kein künstliches Signal gefunden werden; die NASA strich daher 1993 die Mittel für die SETI-Forschung.

Doch manche Astronomen träumen weiter von einem Superteleskop wie Zyklop – allerdings im All oder auf der Rückseite des Mondes. Mit ihm sollen im Radiobereich so viele Frequenzen wie noch nie abgehört werden. Derweil wird von dem nun privat betriebenen und damit von Spendengeldern lebenden SETI-Programm eine kleinere Antennenanlage errichtet. Sie besteht bisher aus 42 aufgestellten Satellitenschüsseln, soll aber eines Tages 350 umfassen. Allerdings reichen die derzeitigen Fördergelder gerade nur, um die bestehenden Instrumente zu erhalten. Ein ähnlich ambitioniertes SETI-Projekt trägt den Namen „Argus" und wird von Amateurwissenschaftlern betrieben. Sie wollen unseren Planeten mit einem Netz aus kleinen privaten Satellitenschüsseln auf Hausdächern und in Hinterhöfen überziehen, um durch die Vielzahl der Suchanlagen einem außergewöhnlichen Signal auf die Spur zu kommen.

Aber selbst wenn das eines Tages gelingt, wird es nie zu einem richtigen Ferngespräch in Frage und Antwort kommen, zumindest nicht in überschaubaren Zeiträumen. Denn nach der Einstein'schen Relativitätstheorie können Informationen immer nur mit Lichtgeschwindigkeit gesendet und empfangen werden. Das Licht braucht trotz seiner hohen Geschwindigkeit von 300.000 km/s seine Zeit, um die unvorstellbar großen Entfernungen im Kosmos zu überwinden. Schon ein Wortwechsel mit dem nur 4,3

| Das 305 Meter große Radioteleskop von Arecibo.

Lichtjahre entfernten Stern Proxima Centauri würde über acht Jahre dauern.

Und dann stellt sich natürlich auch die Frage, ob wir überhaupt auf uns aufmerksam machen und vielleicht sogar Besuch einer höher entwickelten Zivilisation erhalten wollen. Forscher wie Stephen Hawking (*1942) befürchten, dass außerirdische Intelligenzen nur an der Erde als Ressourcenquelle interessiert sein könnten und ihr Besuch zu einer Ausplünderung unseres Planeten und der Vernichtung der Menschheit führen. Warnendes Beispiel sei die Entdeckung Amerikas durch Christoph Kolumbus, die für die Ureinwohner negative Folgen hatte. Die Menschheit sollte deshalb alles tun, um unentdeckt zu bleiben. Doch dafür ist es bereits zu spät, denn seit mehr als 100 Jahren laufen die Funkwellen unserer Radiosendungen und seit mehr als 60 Jahren die unserer Fernsehübertragungen als kugelförmig abgestrahlte Wellen hinaus ins All. Vielleicht wird über ihren Inhalt von außerirdischen Zivilisationen diskutiert, aber mit einer Kommunikationstechnik, die der unseren weit überlegen ist, so dass wir ihre Botschaften mit unseren Empfangsanlagen nicht erfassen können. Wir sind dann in derselben Lage wie Buschmänner, für die Trommeln die bestmögliche Form der Fernkommunikation darstellen, während gleichzeitig unsere Funkwellen ihre Welt durchqueren.

Das Allan-Radioteleskop-Array (ATA) in Nord-Kalifornien sucht im Rahmen des SETI-Projekts Exoplanetensysteme nach Signalen ab, die auf außerirdische Intelligenzen hinweisen.

mit Energie versorgen. Sollten sie sich dank einer hoch entwickelten Raumfahrttechnik über die ganze Galaxis ausgebreitet haben, müsste sich dies durch eine erhöhte Strahlungsabgabe im mittleren Infrarotbereich bemerkbar machen. Ein Nachweis mit entsprechenden Teleskopen wäre möglich. Dieser Meinung ist ein Astronomenteam von der Pennsylvania State University und hat dafür das Projekt G-HAT (Glimpsing Heat from Alien Technologies) ins Leben gerufen, in dessen Rahmen die Daten der Infrarotsatelliten ausgewertet werden. Allerdings sind die Teilnehmer bisher noch nicht auf eindeutige Spuren gestoßen, sondern haben lediglich bei den untersuchten Galaxien verdächtige Kandidaten gefunden, für deren ungewöhnliches Verhalten es eine Reihe alternativer Erklärungen gibt, beispielsweise Sternentstehungsregionen oder Schwarze Löcher.

Exoterrestrische Superzivilisationen könnten auch ihre Sonne, deren Strahlung zumeist ungenutzt in den Weltraum abgegeben wird, mit einem Ring oder einer Art Kugelschale umgeben, durch die die abgestrahlte Energie fast voll ständig zurückgehalten wird. Der Physiker Freeman Dyson (*1923) stellte bereits 1959 derartige Überlegungen an. Auf der Innenseite einer solchen Dyson-Sphäre, deren Oberfläche das 600.000-fache der Erdoberfläche betragen würde, könnten dann die extraterrestrischen Intelligenzen siedeln. In den Teleskopen würde sich ein solch künstliches Objekt als Infrarotquelle mit erhöhter Strahlung bemerkbar machen. Der Science-Fiction-Autor Larry Niven (*1938) hat 1970 in seinen „Ringwelt"-Romanen ein solches Gebilde literarisch verewigt.

All das zeigt, dass die Möglichkeit, extraterrestrische Intelligenzen zu finden, selbst bei unserem heutigen technischen Stand schwer einzuschätzen ist. In diese Richtung weist auch die im Jahr 2000 von dem Geologen und Paläontologen Peter Ward und dem Astronom und Astrobiologen Donald Brownlee aufgestellte Rare-Earth-Hypothese. Danach dürfte einfaches Leben in Form von Mikroben im Universum weit verbreitet sein, mehrzellige, tierähnliche Lebensformen hingegen äußerst rar. Mit diesen Lebensformen und den Voraussetzungen sowie

Bedingungen ihrer Existenz beschäftigt sich die Wissenschaft der Astro- oder Exobiologie.

Astrobiologie

Diese interdisziplinäre Wissenschaft wurde als Teil der Forschungsaktivitäten von großen Raumfahrtagenturen erst spät von der etablierten Wissenschaft als ernst zu nehmender Forschungszweig akzeptiert. So fand Otto von Struve 1955, dass „die Zeit noch nicht reif" für Astrobiologie sei; und selbst als die Raumfahrt der Sonnensystemforschung neue Möglichkeiten bot, hieß es Mitte der 1960er Jahre noch, die Astrobiologie sei „eine Wissenschaft, die erst noch zeigen muss, dass ihr Forschungsgebiet existiert".

Inzwischen ist die Astrobiologie Teil vieler astronomischer und astronautischer Projekte geworden und konzentriert sich darauf, drei Arten von Leben jenseits der Erde nachzuweisen:

- die direkte Suche innerhalb des Sonnensystems auf dem Mars, den Jupiter- und Saturnmonden sowie auf Kometen und Asteroiden. Hier ist es das Ziel, Spuren der chemischen Evolution sowie ehemaliges oder noch immer vorhandenes Leben zu finden;
- die indirekte Suche nach Biosignaturen oder Biomarkern auf Exoplaneten durch das Aufspüren bestimmter Molekülverbindungen im Lichtspektrum;
- die Suche nach Zeichen außerirdischer Technik, wie Signale oder Artefakte.

Dazu kommen Labor- und Feldstudien über den Ursprung des Lebens und die frühe Evolution auf der Erde sowie Studien über die mögliche Anpassung des Lebens an sehr unwirtliche Orte unseres Planeten und im Weltall. Hier hat es im irdischen Bereich in den letzten Jahren überraschende und faszinierende Entdeckungen gegeben, wie an anderer Stelle dieses Kapitels bereits erwähnt wurde. Bisher hat sich bei den drei genannten Projekten noch kein Erfolg eingestellt. Am wahrscheinlichsten ist er beim zuerst genannten Gebiet zu erwarten. Doch auch da werden wir uns in Geduld üben müssen, wenn man sich die langfristige Planung der Marsmissionen oder Flüge zu den Asteroiden ansieht.

Oberstes Ziel der Astro- oder Exobiologie ist es jedenfalls, plausible Aussagen und Schlussfolgerungen über den Ursprung der Evolution des Lebens auf der Erde und im Universum zu machen und herauszufinden, ob und auf welche Weise Leben außerhalb der Erde existiert oder existieren könnte. Dabei orientiert man sich an

Die Atmosphäre des Exoplaneten hinterlässt bei einem Transit im Licht des Zentralsterns ihren spektroskopischen Fingerabdruck.

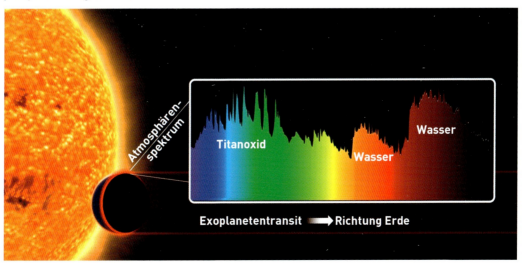

Vom Leben auf anderen Welten

Wie Leben auf anderen Welten beschaffen sein könnte, darüber lässt sich nur spekulieren, denn wir kennen bisher nur einen Planeten im Universum, auf dem sich Leben entwickelt hat – unsere Erde. Allein hier hat die Evolution eine ungeheure Vielfalt geschaffen: Von der Ameise über die Dinosaurier, das Mammut, den Seeigel, den Kraken, den Storch bis hin zu den Beuteltieren, Quallen und Schlangen. Flora und Fauna eines Exoplaneten werden irdischen Betrachtern vermutlich fremdartig erscheinen, denn die Evolution auf der Erde hat nur einen winzigen Bruchteil aller möglichen biologischen Lebensformen „ausprobiert".

Geht man davon aus, dass die Naturgesetze im Universum überall gleich sind und wirken, so sollten einige elementare Grundsätze für die belebte und unbelebte Natur auch auf anderen Welten gelten. So ist eine unverzichtbare Schlüsselsubstanz neben flüssigem Wasser (nicht ohne Grund ist auf der Erde das Leben im Wasser entstanden) der im Kosmos reichlich vorhandene Kohlenstoff. Er ist wie kein anderes chemisches Element fähig, seine Atome in praktisch unbegrenztem Maß zu Ketten und Ringen zu verbinden. Er bildet das Gerüst der verschiedenen, für einen komplexen Stoffwechsel notwendigen Substanzen wie Zucker, Stärke und Fette – nicht zu vergessen die Erbsubstanz DNS. Kohlenstoff ist eine Art Stützgerüst für komplexe chemische Strukturen. Natürlich lassen sich auch Lebewesen auf Siliziumbasis vorstellen, einem ebenso vielfältig verwendbaren Element, das bei uns auf der Erde – vor allem in Form von Sand – vorhanden ist. Allerdings ist hier kein Kristallwesen entstanden, aber es ist durchaus denkbar, dass anderswo in unserer Galaxis Kreaturen existieren, die vielleicht aus Silikat aufgebaut sind und deren dominierender Flüssigkeitsanteil im Körper nicht aus Wasser, sondern aus Methan oder Ammoniak besteht. Kohlenstoffbasiertes Leben könnte demnach nur eine von unzähligen Spielarten darstellen. Wie die irdische Evolution und die Geschichte unserer Erde zeigt, hat sich das Leben immer wieder bestimmten Herausforderungen anpassen müssen, wie sie beispielsweise durch radikale Klimaveränderungen oder kosmische Katastrophen (Meteoriteneinschläge) gestellt wurden oder die unterschiedlichsten Lebensräume. Nur die bestangepassten Kreaturen haben überlebt und sich unter allen anderen eine dominierende Stellung erobern und bewahren können. Einige Körperteile haben sich dabei für so nützlich und wichtig erwiesen, dass zahlreiche Tierarten sie unabhängig voneinander entwickelt haben. Dazu gehören beispielsweise das Skelett, die Lunge und damit der Blutkreislauf und natürlich Augen und Ohren. Um möglichst schnell auf Gefahren reagieren zu können, hat es sich zudem als vorteilhaft erwiesen, dass diese Sinnesorgane in der Nähe des Gehirns untergebracht sind: ETs werden somit vermutlich Köpfe besitzen.

Selbst bei der Körperform hat die Evolution die erfolgreichste gewählt, wenn es um die Umwelt geht, in der das Lebewesen existiert. So haben alle im Meer lebenden irdischen Geschöpfe – ganz gleich, ob es sich um Fische, Wale oder Pinguine handelt – unabhängig voneinander eine stromlinienförmige Silhouette hervorgebracht. Sie erlaubt eine schnelle Fortbewegung in diesem Medium und damit meistens das Entkommen gegenüber Fressfeinden. Ähnlich ist es bei der Körperform für diejenigen Lebewesen gelaufen, die die Luft als Fortbewegungsmittel verwenden und sich während ihres Fluges lange dort aufhalten. Ihre Hauptextremitäten sind die Flügel, bei den Meeresbewohnern sind es die Flossen, die das Gleiten in ihrem Medium unterstützen. Wesen auf Exoplaneten dürften je nach Beschaffenheit ihrer Welt ähnlich aussehen und ausgestattet sein. In dieser Hinsicht spielt auch die Schwerkraft eine wichti-

Pflanzen auf einem Exoplaneten, der um einen heißeren Stern als die Sonne kreist, absorbieren dessen blaues Licht und sehen daher rötlich aus.

ge Rolle. So weisen massereiche Planeten wegen ihrer dadurch höheren Anziehungskraft eine besonders dichte Atmosphäre auf, die um ein Vielfaches dichter ist als die irdische. Lebewesen auf solchen Planeten wären gedrungener und muskulöser, ihre Hälse wären dicker, die Gesichter kantiger, so dass ihre Körperform schildkröten- oder elefantenähnlich wäre, und mit sechs statt mit vier Beinen versehen, um das Gewicht besser zu verteilen. Vielleicht könnten diese Wesen sogar fliegen, da eine dichtere Atmosphäre mehr Auftrieb bietet. In diesem Fall könnte sie sogar die Heimat riesiger Flugtiere sein, die vielleicht nie landen, sondern stattdessen in der Luft schlafen, fressen und sich sogar paaren.

Auf Planeten mit geringerer Schwerkraft als der irdischen würden Tiere sehr hoch aufschießen, also giraffenartig sein, denn ein Herz könnte durchaus das Blut in Höhen über zwei Meter pumpen, wenn es erheblich größer als das der irdischen Lebewesen ist. Auch die Pflanzen könnten sehr viel höher wachsen und würden dann riesengroße Blätter und riesige ballonartige Auswüchse haben; Bäume wären spindeldürr und könnten dort fast einen Kilometer in den Himmel ragen.

Ob diese Spekulationen wirklich zutreffen, werden wir weder durch direkte noch indirekte Beobachtung erfahren, denn Raum und Zeit setzen uns unüberwindliche Grenzen – selbst die dicht besiedelte Erde mit ihrer von uns in großen Teilen umgestalteten Oberfläche zeigt schon aus einigen Tausend Kilometer Entfernung keine Anzeichen agierender Lebewesen. Sicher ist nur eines, was die Evolution auf Exoplaneten angeht: Das Leben wird auf keinem Fall dem irdischen gleichen.

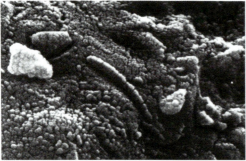

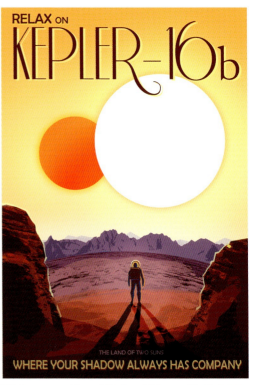

Der Marsmeteorit ALH 84001und eine Mikroskop-
aufnahme umstrittener Lebensspuren.

Entspannen Sie auf Kepler-16 b – wo Ihr Schatten
einen Begleiter hat („Werbeplakat" der NASA).

universellen Prinzipien physikalischer und chemischer Funktionen, die auch für Lebewesen auf Exoplaneten gelten dürften, zum Beispiel:

- die Fortbewegung auf schnelle Art und Weise – durch Laufen, Gehen, Klettern, Kriechen, Schwimmen sowie durch Fliegen;
- die Sinnesorgane in Form der Sehfähigkeit oder Echolokation;
- die Photosynthese;
- die Polymere, speziell Biopolymere, die in Lebewesen sehr unterschiedlich synthetisiert werden und unterschiedliche Funktionen haben;
- eine fellartige Körperbedeckung.

Ob und in welchem Maße diese und viele andere Annahmen zutreffen, werden wir durch direkte Forschungen wohl nie erfahren; aber wir können mit den uns zur Verfügung stehenden sowie noch weiter zu entwickelnden Instrumenten und Methoden zumindest versuchen, die Grundlagen unserer Spekulationen über das Leben auf Exoplaneten und Exomonden immer solider werden zu lassen.

So „backen" denn auch die Exoplanetenjäger, was den Nachweis von Leben auf Planeten ferner Sonnensysteme angeht, erst einmal „kleine Brötchen": Sie setzen alles daran, die Atmosphärenspektren bewohnbarer Planeten nach Spuren von Wasser, Sauerstoff und sogenannten Biomarkern zu untersuchen, z. B. Chlorophyll. Noch sind die Teleskope zu klein für Messungen dieser Art an Gesteinsplaneten in der habitablen Zone, aber für Heiße Jupiter ist die Untersuchung von Atmosphärenspektren schon möglich – sei es mit der Transitmethode oder dem Direct Imaging. Auf diese Weise können die bereits entwickelten Methoden weiter verfeinert werden, um sie dann bei den geplanten Riesenteleskopen und hochempfindlichen Sensoren neuer Weltraumobservatorien auf der Suche nach „Terra II"

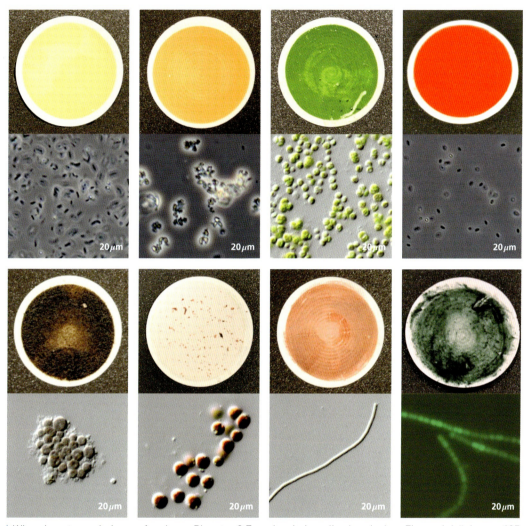

Wie erkennt man Leben auf anderen Planeten? Forscher haben die chemischen Fingerabdrücke von 137 Mikroorganismen bestimmt, um sie anhand ihrer Farbe auch bei Exoplaneten nachweisen zu können.

effektiv anzuwenden. Von diesen Observatorien wird im nächsten Kapitel die Rede sein.

| Fazit

Nach allem, was wir bisher über das Phänomen „Leben" wissen – wie es entstanden sein könnte, sich entwickelt und verbreitet hat und welche Formenvielfalt möglich ist – sowie den bisherigen Erfahrungen in der Planeten- und Exoplanetenforschung, erwartet wohl niemand mehr,

dass wir sofort auf intelligentes Leben, wenn nicht sogar eine Hochzivilisation treffen. So konzentrieren sich die Exoplanetenforscher, unterstützt von der Astrobiologie, auf die Suche nach Biomarkern in den Atmosphären der Exoplaneten. Jedoch sind die heutigen „Werkzeuge" wie die Spektralanalyse und die direkte Abbildung für Gesteinsplaneten noch nicht empfindlich genug. Sie können aber an den Hot Jupiter „geschärft" werden, um sie dann bei den geplanten Großteleskopen und den zukünftigen Weltraumteleskopen effektiv einsetzen zu können.

7 DER ZWEITEN ERDE AUF DER SPUR

Die Zukunft der Exoplanetenforschung

Exoplaneten zu finden und zu erforschen, so haben es die vorangegangenen Kapitel gezeigt, ist äußerst schwierig. Um weitere Details über diese Welten jenseits des Sonnensystems herauszufinden, steht die Beobachtungstechnik vor großen Herausforderungen. Die Fernrohre der Zukunft müssen noch gigantischer werden als die bisher arbeitenden Hightech-Großteleskope, und die Sensoren der für diese Suche speziell konstruierten Weltraumsatelliten-Observatorien noch empfindlicher.

Nach der Entdeckung des ersten Exoplaneten und in der Folgezeit nach dem Auffinden weiterer extrasolarer Welten setzten die Astronomen die leistungsfähigsten Fernrohre ein, um Genaueres über diese Planeten jenseits unseres Sonnensystems zu erfahren. Das geschah beispielsweise mit dem Very Large Telescope (VLT) der Europäischen Südsternwarte ESO auf dem Berg Paranal in den chilenischen Anden. Mit diesem Riesenfernrohr (genau genommen handelt es sich um vier 8,2-Meter-Spiegelteleskope) gelang es erstmals, mit dem Instrument NACO eine dieser außersolaren Welten direkt abzubilden.

NACO und SPHERE

Das Akronym „NACO" ist die Kurzform für „NAOS-CONICA". Hierbei steht NAOS für „Nasmyth Adaptive Optics System" und CONICA für „Coudé Near Infrared Camera". NAOS ist ein System zur Bildverbesserung mit adaptiver Optik, CONICA eine Infrarotkamera und Spektrograf.

Der weiterentwickelte Nachfolger trägt den Namen SPHERE. Er steht für „Spectro Polarimetric High-contrast Exoplanet Research", was wörtlich übersetzt etwa „spektropolarimetrische Erforschung von Exoplaneten im Hochkontrastbereich" bedeutet. SPHERE ist seit Juni 2014 am VLT im Einsatz und soll den bisher höchstmöglichen Kontrast bei der direkten Beobachtung von Planeten außerhalb unseres Sonnensystems erzielen, mit einer Empfindlichkeit, die weit über jene von NACO hinaus reicht. Schon nach wenigen Tagen lieferte SPHERE die ersten Aufnahmen von Staubscheiben um nahe Sterne.

Blick auf das Instrument NACO an der Rückseite eines der VLT-Teleskope.

Das weiterentwickelte Instrument SPHERE übertrifft die Leistungsfähigkeit von NACO deutlich.

HARPS

Aber auch die indirekte Methode der Radialgeschwindigkeitsmessung wurde weiter verfeinert, und zwar durch HARPS. Der „High Accuracy Radial velocity Planet Searcher" ist ein Échelle-Spektrograf. Er stellt ein kontinuierliches Spektrum in Form einzelner Zeilen her, wobei sich zwischen den Zeilen des Sternspektrums die der Referenzquelle – zum Beispiel einer Thorium-Argon-Lampe – befinden. Das so erzeugte Gesamtbild ähnelt der linierten Seite eines Schreibheftes.

Durch den Vergleich mit dem Referenzspektrum sind Verschiebungen der dunklen Absorptionslinien im Sternspektrum als unerwünschte Effekte beim Nachweis von Exoplaneten zu erkennen. Sie werden durch die kosmische Strahlung oder Temperaturänderungen, aber nicht durch die Bewegung eines Exoplaneten erzeugt.

Ein solches Gerät mit dem Kosenamen „Elodie", das jedoch viel präziser und vor allem schneller arbeitete als die damals verwendeten, hatten Mayor und Queloz 1994 für die Suche nach 51 Pegasi b eingesetzt. Danach wurde das 3,6-Meter-Teleskop der ESO am La-Silla-Observatorium in Chile mit diesem Spektrografen ausgerüstet, um so die Genauigkeit der Messungen von Radialgeschwindigkeiten zum Nachweis von Exoplaneten noch weiter zu steigern. Die Genauigkeit an diesem Instrument beträgt rund 1 m/s; und damit ist HARPS eines der genauesten Instrumente für diesen Zweck.

Unterstützt und ergänzt wurde die vom Erdboden aus vorgenommene Suche durch spezielle Weltraumobservatorien wie *CoRoT* und *Kepler*. Jenseits der störenden Erdatmosphäre, deren Schichten das Licht schwächen und das Bild verzerren, steigerten sie die Zahl der Exoplanetenkandidaten beträchtlich.

Ein mit HARPS aufgenommenes Sternspektrum. Die gepunkteten Linien dienen zur exakten Wellenlängenkalibrierung der Spektrallinien.

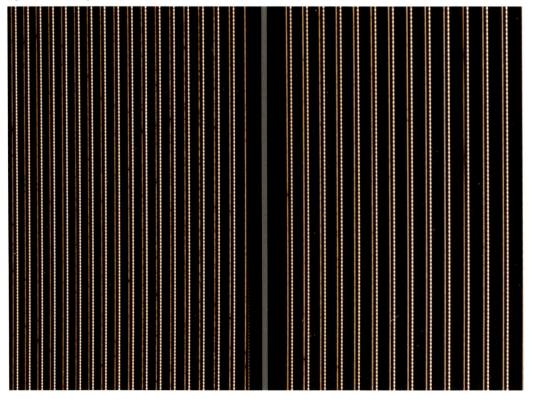

Künstlerische Darstellung des Satellitenteleskops *CoRoT*, das nach Helligkeitsveränderungen bei Sternen gesucht hat, um Exoplaneten aufzuspüren.

CoRoT

So suchte das 2006 von der französischen Raumfahrtbehörde CNES betriebene Weltraumsatellitenteleskop *CoRoT* („Convection, Rotation and Planetary Transits" – „Konvektion, Rotation und Transits von Exoplaneten") nach Helligkeitsveränderungen bei Sternen, um daraus auf Exoplaneten zu schließen. Das Suchgebiet konzentrierte sich auf die Sternbilder Schlange und Einhorn. Im April/Mai 2007 entdeckte *CoRoT* den ersten Exoplaneten. Ihm folgten bis November 2012 weitere 14, doch setzte am 2. November desselben Jahres ein Computerdefekt den Beobachtungen ein Ende; am 17. Juni 2014 wurde der Satellit abgeschaltet. Die Anzahl der gefundenen Exoplaneten blieb weit hinter den Erwartungen zurück.

Kepler

Am bisher erfolgreichsten bei der Exoplanetensuche war das NASA-Weltraumteleskop *Kepler*. Es wurde im März 2009 gestartet und beobachtete einen festen Ausschnitt des Sternenhimmels mit rund 190.000 Sternen im Sternbild Schwan. Auch *Kepler* arbeitete mit der Transitmethode, um mit ihrer Hilfe – so die Zielsetzung des Projekts – vergleichsweise kleine Planeten (wie unsere Erde oder kleiner) und damit auch potenziell bewohnbare extrasolare Welten aufzuspüren. Im Januar 2010 gab die NASA die Entdeckung der ersten fünf Planeten durch *Kepler* bekannt (Kepler-4 b bis -8 b), wobei Kepler-1 b bis -3 b bereits vor dem Start aufgespürt worden waren. Diese Welten umrunden ihre Muttersterne in weniger als 0,1 Astronomischen Einheiten und

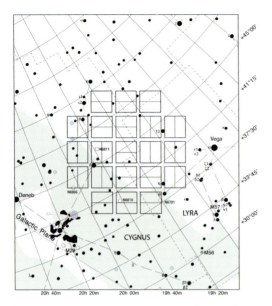

Im Bereich der Sternbilder Schwan (Cygnus) und Leier (Lyra) hat das Weltraumteleskop *Kepler* bei über 150.000 Sternen nach Exoplaneten gesucht.

haben eine deutlich höhere Oberflächentemperatur als jeder Planet unseres Sonnensystems. Im Juni desselben Jahres wurden die Daten von 306 der bis zu diesem Zeitpunkt identifizierten 706 Exoplaneten veröffentlicht; im Januar 2011 wurde mitgeteilt, dass der bis dahin kleinste bekannte Gesteinsplanet außerhalb unseres Sonnensystems entdeckt worden sei: Kepler-10 b, gefolgt von dem noch kleineren Kepler-37 b.

Am 2. Februar 2011 meldete die NASA, dass die Anzahl der seit Missionsbeginn entdeckten Exoplaneten-Kandidaten 1235 beträgt. Von ihnen liegen 54 in der habitablen Zone, und fünf davon sind fast so groß wie die Erde. Weiterhin wurden 288 Supererden ermittelt sowie 662 Exoplaneten in der Größe Neptuns, 165 jupitergroße und 19 größer als Jupiter aufgefunden. Am 5. Dezember 2011 gab die NASA die Entdeckung des ersten Planeten innerhalb der habitablen Zone eines sonnenähnlichen Sterns bekannt, Kepler-22 b. Gleichzeitig hatte sich die Zahl der Plane-

Die Kamera von *Kepler* arbeitet mit einem riesigen Empfänger, der aus 21 einzelnen CCD-Chips zusammengesetzt ist.

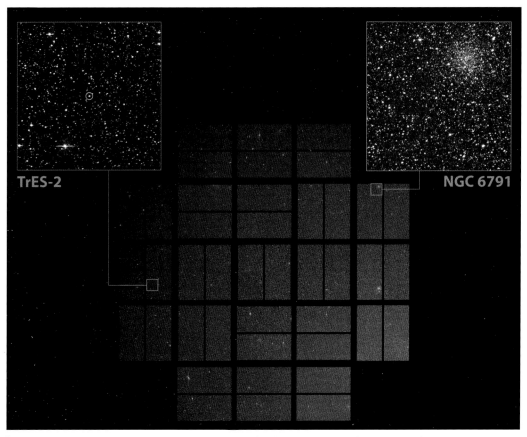

TrES-2

NGC 6791

Eine Aufnahme des *Kepler*-Teleskops vom 12. Mai 2010. Deutlich sind die Lücken zwischen den einzelnen Detektorchips zu erkennen (oben jeweils Ausschnittsvergrößerungen).

tenkandidaten auf 2326 erhöht: Sie umfasste 207 Planeten ungefähr so groß wie die Erde, 680 Supererden, 1181 neptunähnliche, 203 jupiterähnliche und 55 Planeten, die größer als Jupiter sind.

Eigentlich sollte die *Kepler*-Mission dreieinhalb Jahre laufen und im November 2012 um bis zu vier Jahre verlängert werden. Doch ab Juli 2012 versagte die Lagestabilisierung des Teleskops im Raum teilweise, so dass sich die NASA am 15. August 2013 zur endgültigen Einstellung der *Kepler*-Mission gezwungen sah. Am 18. November wurde ein alternativer Weg zur Missionsverlängerung vorgelegt, und 2014 gab die US-Weltraumbehörde bekannt, dass es ihr gelungen war, den Satelliten in einem geänderten Modus unter der Bezeichnung „K2" auch zukünftig nach Exoplaneten suchen zu lassen.

Weitere Erfolgsmeldungen waren: das Auffinden 715 neuer Planeten mit Hilfe verbesserter Analysemethoden aus den alten Daten; die Entdeckung des erdähnlichen Planeten Kepler-186 f in der habitablen Zone seines Zentralgestirns, sowie die Entdeckung von Kepler-10 c, dem ersten Vertreter des Planetentyps „Mega-Erde".

Darwin und *TPF*

Angespornt durch die Erfolge dieser beiden Exoplanetensuchsatelliten wurden bei ESA und NASA Studien für leistungsfähigere Nachfolger betrieben. Unter dem Namen *Darwin* wollte die Europäische Raumfahrtagentur im Jahr 2015 vier Satelliten in eine Erdumlaufbahn bringen.

Das nicht verwirklichte ESA-Weltraumobservatorium *Darwin* sollte mit seinen Infrarotteleskop-Satelliten Exoplaneten aufspüren und in deren Atmosphären nach sogenannten Biomarkern suchen.

Davon wären drei mit Infrarotteleskopen von 3-4 Meter Hauptspiegeldurchmesser ausgerüstet gewesen, das vierte hätte den Empfänger getragen. Mit diesem Projekt wären nicht nur weitere Exoplaneten gefunden worden, sondern man hätte in der Atmosphäre der entdeckten Planeten nach Biomarkern suchen können: Gase wie Sauerstoff, Wasserdampf, Kohlendioxid und Methan.

Ähnliche Ziele verfolgte der von der NASA geplante „Terrestrial Planet Finder" (*TPF*). Neben der Exoplanetensuche stand hier auch die Untersuchung von Gas- und Staubscheiben um junge Sterne im Fokus. Für diese Vorhaben sollte *TPF* über ergänzende Satellitenteleskopsysteme verfügen: ein großes optisches Teleskop mit etwa der zehnfachen Trennschärfe des heutigen Hubble-Weltraumteleskops sowie vier Infrarotteleskope mit je 3-4 Meter Durchmesser, deren Auflösung durch interferometrische Zusammenschaltung gesteigert worden wäre. Mit diesem Instrument sollten etwa 150 bis zu 50 Lichtjahre entfernte Sterne in der Nachbarschaft unseres Sonnensystems näher untersucht werden. Der Missionszeitplan sah für etwa 2014 den Start des optischen Teleskops vor, den der Infrarotteleskope noch vor 2020. Nach diesem Jahr sollte bereits ein Nachfolgeprojekt mit Namen „Planet Imager" zum Einsatz kommen, das die Reichweite der Beobachtungen durch eine Kombination mehrerer TPF-Systeme noch steigern sollte. Doch NASA-Budgetkürzungen im Februar

2006 und die Einstellung der ESA-Darwin-Studie ein Jahr später brachten auch dem TPF-Projekt das Aus.

Cheops, PLATO und EchO

Doch die Exoplanetenforschung wird auf Dauer nicht ohne diese Satellitenobservatorien auskommen müssen. Nach der Devise „kleiner und billiger, aber nicht weniger erfolgreich" will die ESA 2017 einen Satelliten mit dem Namen *Cheops* starten. Das Akronym steht für „**Ch**aracterising **Exo**planets **S**atellite". Bei dieser Mission sollen nahe Sterne beobachtet werden, von denen bereits bekannt ist, dass sie mindestens von einem Planeten umkreist werden. Das Verfahren wird die Transit-Beobachtung sein. Mit den gewonnenen Daten wird der Radius von Exoplaneten ermittelt werden können; ferner die Dichte von Exoplaneten, deren Masse durch Messung der Radialgeschwindigkeiten ihrer Sterne bekannt ist. So bekämen die Wissenschaftler noch mehr Informationen darüber, wie diese Planeten entstanden sind. Im Visier von *Cheops* sollen die sogenannten Supererden liegen. Der Satellit wird die Erde einer Höhe von rund 800 Kilometern umkreisen und dreieinhalb Jahre arbeiten.

Sieben Jahre später könnte die ESA-Mission *PLATO* (**Pl**anetary **T**ransits and **O**scillation of stars) folgen. Sie soll mit 34 kleinen Teleskopen und Kameras arbeiten, die dafür zusammengeschaltet werden können. *PLATO* wird in 1,5 Millionen Kilometer Entfernung von der Erde – von einem der Lagrange-Punkte aus – für mindestens sechs Jahre nach kleinen Planeten fahnden, die um rund eine Million Sterne kreisen.

An diesem Ort zwischen Erde und Sonne – also ebenfalls im Lagrange-Punkt 2 – will die ESA 2024 ein weiteres Exoplanetenforschungsteleskop positionieren; es trägt die Abkürzung *EchO* (**E**xoplanet **Ch**aracterisation **O**bservatory). Es soll mit einem optischen Teleskop von 1,2–1,5 Meter Durchmesser und hochauflösendem Spektrografen in verschiedenen Wellenlängen die Atmosphärenbestandteile (hier: Aufspüren von Biosignaturen), Temperatur und das Albedo (Sonnenlicht-Rückstrahlvermögen) bekannter

Der von der Universität Bern entwickelte Satellit *Cheops* soll nahe Sterne beobachten, die mindestens einen Exoplaneten besitzen.

Exoplaneten untersuchen. Mit diesen Daten wollen die Exoplanetenforscher Modelle des inneren Planetenaufbaus entwerfen, mit denen wir unser Verständnis verbessern können, wie sich Planeten bilden und entwickeln. Schließlich soll auch nach Exomonden Ausschau gehalten werden.

Das Satelliten-Observatorium *PLATO* soll mit 34 kleinen Teleskopen nach Exoplaneten suchen.

Die Lagrange-Punkte

Für im Weltraum stationierte Observatorien gilt dasselbe wie für Teleskope auf der Erdoberfläche: Der Standort muss optimale Beobachtungsbedingungen bieten. Zwar haben Satellitenteleskope nicht wie die am Erdboden stationierten Fernrohre gegen Staub, zunehmende künstliche Helligkeit sowie atmosphärische Turbulenzen zu kämpfen, aber dafür bereitet ihnen der ständige Tag- und Nachtwechsel, wie er bei einer Erdumkreisung auftritt, Probleme. So muss die bordeigene Energieversorgung darauf eingerichtet sein, dass während des Flugs über die Nachtseite der Erde die Stromversorgung von Batterien übernommen wird.

Außerdem sinkt die Betriebstemperatur auf einen kritischen Wert, so dass eine thermische Isolierung des Flugkörpers erforderlich ist. Im Sonnenlicht hingegen müssen die technischen Systeme vor Überhitzung geschützt werden. Hinzu kommt, dass Optik und Sensoren der Weltraumteleskope sehr empfindlich sind. Sie dürfen deshalb nie zum hellen Licht von Sonne, Erde oder Mond gerichtet werden.

Die Raumfahrtorganisationen nutzen deshalb auch andere „Parkplätze" für Weltraumteleskope: die nach dem italienisch-französischen Mathematiker, Physiker und Astronom Joseph Louis de Lagrange (1736-1813) benannten

| Die Lage der fünf Lagrange-Punkte. Um die Position von L_2 kreist ein Weltraumobservatorium.

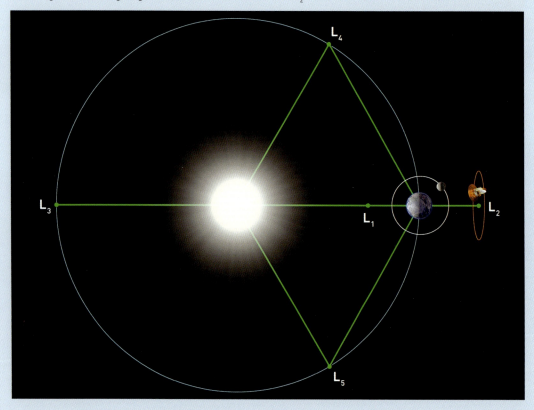

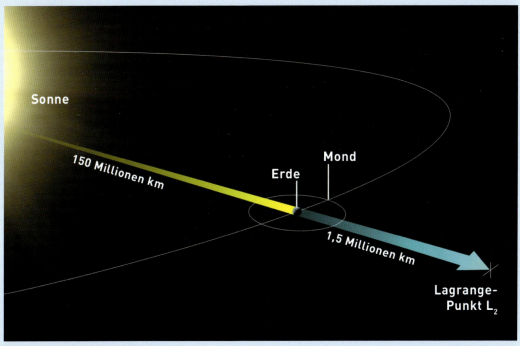

Ein in L_2 „geparktes" Teleskop kann vom Sonnen-, Erd- und Mondlicht immer abgewandt bleiben und ungestört den Sternenhimmel beobachten.

„Lagrange-Punkte". Diese fünf Orte liegen alle in der Bahnebene von Sonne und Erde, drei davon auf der direkten Verbindungslinie Erde–Sonne: Lagrange-Punkt Nr. 1 („L_1") zwischen Erde und Sonne, L_2 hinter der Erde und L_3 jenseits der Sonne. Die Lagrange-Punkte L_4 und L_5 bilden mit Sonne und Erde die Eckpunkte eines gleichseitigen Dreiecks. Ein in diesen Positionen befindlicher Satellit macht eine Art Formationsflug mit der Erde um unser Zentralgestirn.

Aber nicht alle Lagrange-Punkte sind für die Weltraumforschung interessant. So sind L_3, L_4 und L_5 zu weit von der Erde entfernt, als dass sie zum Stationieren eines Weltraumobservatoriums in Frage kommen. Für Weltraumobservatorien eignen sich nur L_1 und L_2: L_1 steht 1,5 Millionen Kilometer von der Erde entfernt in Richtung Sonne und ist für die Sonnenbeobachtung interessant (dort befindet sich das NASA/ESA-Sonnenobservatorium SOHO), während L_2 im selben Abstand hinter der Erde liegt und sich für alle Arten von Weltraumobservatorien eignet. Vom L_2-Punkt aus stehen Erde und Sonne in derselben Richtung; ein Teleskop an dieser Position kann ihnen seine Rückseite zuwenden, um auf diese Weise ungestört den halben Himmel zu betrachten, wenn nötig wochenlang. Im Verlauf eines Jahres kann auf diese Weise das ganze Himmelsgewölbe ins Visier genommen werden. Im Lagrange-Punkt 2 wurden beispielsweise die Satelliten *Kepler* und *Gaia* in Stellung gebracht; auch das geplante James-Webb-Space-Telescope wird in L_2 seine Position beziehen (siehe auch Seite 158f).

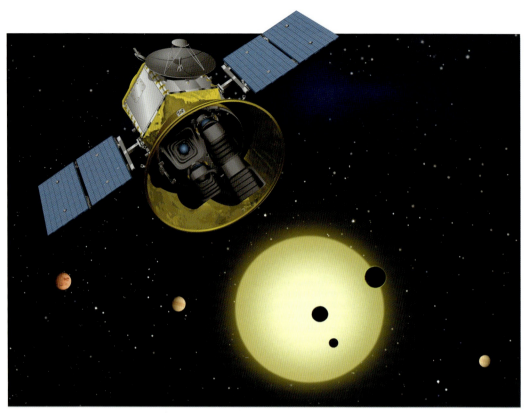

Das NASA-Weltraumobservatorium *TESS* soll ab 2017 mehr als 500.000 Sterne in bis zu 100 Lichtjahren Entfernung ins Visier nehmen.

TESS und *FINESSE*

Vor dem Start von *PLATO* wird aber *Cheops* noch Gesellschaft von zwei US-amerikanischen Exoplanetenfahndern bekommen: die Satelliten *TESS* und *FINESSE*. *TESS* ist die Abkürzung für „Transiting Exoplanet Survey Satellite". Er soll den kompletten Himmel nach Exoplaneten durchforsten und sie mit der Transittechnik nachweisen. Wenn alles nach Plan läuft, nimmt *TESS* ab 2017 mehr als 500.000 Sterne in bis zu 100 Lichtjahren Entfernung ins Visier. Auf Basis von Erfahrungswerten und Computersimulationen soll *TESS* dazu in der Lage sein, mehr als 3000 Exoplaneten-Transits nachzuweisen und darunter etwa 500 erdgroße Planeten finden.

Die ebenfalls von der NASA vorgeschlagene *FINESSE*-Mission (Fast Infrared Exoplanet Spectroscopy Survey Explorer) wird sich mit seinem im Infrarotlicht arbeitenden Teleskop dem Stu-

dium der Exoplanetenatmosphären widmen. Ihr Ziel lautet: Herauszubekommen, welche Prozesse für die Zusammensetzung der Exoplanetengashüllen verantwortlich sind, und wie sich unser Sonnensystem in die ständig wachsende Zahl der Planetenfamilien einordnen lässt. Es wird spannend werden zu beobachten, ob und wie diese zukünftigen Exoplanetenobservatorien realisiert werden. Denn trotz aller Fortschritte bleibt Raumfahrt teuer, und auch in der zurzeit sehr populären Exoplanetenforschung wird manches Vorhaben letztlich an der Finanzierung scheitern.

James Webb Space Telescope

Ein Projekt hat die Finanzierungsklippe glücklicherweise umschiffen können und wird deshalb im Orbit die Exoplanetenforschung unterstützen: das „James Webb Space Telescope" (JWST), benannt nach dem 2002 verstorbenen ehemaligen Leiter der NASA. Das JWST gilt als Nachfolger des Hubble-Weltraumteleskops. Nachdem sein Bau wegen anfänglicher Schwierigkeiten erst gestoppt werden sollte, wird er nun dank neuer Geldmittel fortgeführt. So kann mit dem Start des 6,2 Tonnen schweren Instruments ab 2018 gerechnet werden. Mit einem Durchmesser von 6,5 Meter wird der Hauptspiegel alle bis dahin im Weltraum postierten weit in den Schatten stellen. Er besteht aus 18 sechseckigen Segmenten, die sich wegen der Größe der Gesamtspiegelfläche erst im All entfalten.

Im Gegensatz zum Hubble-Weltraumteleskop, das hauptsächlich im optischen Bereich arbeitet und dem Betrachter seiner Bilder den Eindruck vermittelt, sie mit eigenen Augen zu sehen, wird das JWST im Infrarotlicht forschen. Deshalb müssen das Fernrohr und seine Zusatzinstrumente vor der eigenen Infrarotstrahlung, aber auch der von Sonne, Mond und Erde abgeschirmt werden.

Dafür wird das Instrument auf -220 °C gekühlt und an seiner Unterseite durch einen 12,2 × 19,8 Meter großen mehrlagigen Sonnenschild geschützt (siehe Abbildung unten). Es wird seine Position im Lagrange-Punkt L_2 beziehen, circa

Das James-Webb-Weltraumteleskop mit seinem aus 18 Segmenten bestehenden 6,5-Meter-Spiegel soll 2018 seinen Betrieb aufnehmen.

Eines der 18 sechseckigen Segmente des JWST-Hauptspiegels, der sich erst im All entfalten wird. Jedes ist 1,3 Meter groß und wiegt 20 Kilogramm.

1,5 Millionen Kilometer von der Erde entfernt (vgl. Exkurs auf Seite 156). Auf diese Weise soll sichergestellt werden, dass Sonne und Erde – die Hauptquellen der Infrarotstrahlung – vom Teleskop aus gesehen ungefähr in der gleichen Richtung liegen, um den Sonnenschild möglichst effektiv einzusetzen und in der anderen Richtung einen ungestörten Blick zu haben.

Mit seinen vier Spezialinstrumenten NIRCam (Near Infrared Camera), MIRI (Mid Infrared Instrument), NIRSpec (Near Infrared Spectrograph) und FGS (Fine Guidance Sensor) soll sich das JWST hauptsächlich folgenden Forschungsgebieten widmen:

- der Erforschung des Lichts von den ersten Sternen und Galaxien nach dem Urknall;
- der Struktur und Entwicklung von Galaxien;
- der Struktur von Sternen und planetaren Systemen;
- der Untersuchung von planetaren Systemen und dem Ursprung des Lebens.

Neue erdgebundene Riesenteleskope

So vorteilhaft im Weltall stationierte Teleskope wegen der fehlenden Atmosphäre auch sind – sie erreichen nicht die Größe von Teleskopen auf dem Erdboden und können wegen ihrer Standortferne nicht permanent gewartet werden, weshalb sie eine begrenzte Lebensdauer besitzen. Erdgebundene Teleskope können sich dank neuer Spiegelmaterialien, moderner Bauweisen und ausgefeilter optischer Methoden heutzutage mit Weltraumfernrohren wie Hubble messen. Eindrucksvollste Beispiele dafür sind das Very Large Telescope der ESO und die auf Hawaii betriebenen Keck-Teleskope mit ihren zwei baugleichen Zehn-Meter-Spiegeln. Ihre Erfolge auf dem Gebiet der Exoplanetenforschung und die oft sensationellen Ergebnisse in anderen Zweigen der Astronomie haben den Wunsch nach noch größeren Teleskopen beflügelt.

Daher sind international mehrere Teleskope der nächsten Generation in Planung. Sie werden vom Durchmesser und der Leistung her die heutigen „Großteleskope" wie Zwerge erscheinen lassen. Ihre Namen und Kurzbezeichnungen – „European Extremely Large Telescope" (E-ELT), „Thirty Meter Telescope" (TMT) und „Giant Magellan Telescope" (GMT) – machen schon jetzt in Astronomenkreisen die Runde. Bis zu ihrer Verwirklichung wird aber auch auf der Erde mit kleineren und dafür nicht so teuren Teleskopen nach Exoplaneten gesucht:

SuperWASP

Diese Abkürzung steht für das europäische Projekt „Super Wide Angle Search for Planets". Dabei handelt es sich um automatisierte Such-maschinen für extrasolare Planeten, die aus zwei selbstständig und unabhängig voneinander arbeitenden Observatorien besteht. Das eine ist am Roque de los Muchachos-Observatorium auf La Palma stationiert, das zweite am South African Astronomical Observatory in Südafrika. Der „Super Wide Angle" – also das besonders große Bildfeld am Himmel – wird durch Verwendung von jeweils acht 200-mm-Teleobjektiven erreicht. An die handelsüblichen Objektive sind CCD-Kameras mit Sensoren von 2048 × 2048 Pixeln Bildfläche angeschlossen, das Kamerafeld misst rund 8 × 8 Grad am Himmel. In einer Nacht werden so bis zu 800 Aufnahmen mit jeweils 35 Sekunden Belichtungszeit gemacht, um insgesamt rund 50.000.000 Messungen von Sternhelligkeiten durchzuführen. Mit SuperWASP wurden bisher über 100 Exoplaneten mittels der Transitmethode entdeckt.

Die mit sehr empfindlichen CCD-Detektoren ausgestatteten Teleobjektive der SuperWASP-Kameras sind gemeinsam auf einer Gabelmontierung befestigt.

Übersichtsfoto der zwölf Teleskope des „Next Generation Transit Survey" von je 20 Zentimeter Öffnung. Sie sind in unmittelbarer Nähe des ESO-Paranal-Observatoriums stationiert.

NGTS

Erst Anfang 2015 wurde der „Next Generation Transit Survey" der ESO in Betrieb genommen. Dabei handelt es sich um zwölf Teleskope mit einem Spiegeldurchmesser von je 20 Zentimeter. Es ist in unmittelbarer Nähe das Paranal-Observatoriums im Norden Chiles stationiert und sucht vollkommen automatisiert nach Exoplanetentransits, indem es die Helligkeit von mehreren 100.000 vergleichsweise hellen Sternen am Südhimmel vermisst. Dabei soll eine relative Genauigkeit von einem Tausendstel erreicht werden, was mit bodengebundenen Instrumenten für großflächige Himmelsdurchmusterungen bisher nicht gelungen ist. Der NGTS baut auf dem Erfolg des zuvor beschriebenen SuperWASP-Experiments auf. Die mit dem NGTS entdeckten Planeten werden anschließend mit größeren Teleskopen untersucht.

Wichtigstes Ziel des NGTS-Projekts ist es, kleine Planeten zu finden, die einen so großen Helligkeitsunterschied verursachen, dass sich die Planetenmasse genau bestimmen lässt. Daraus lässt sich die Dichte des Planeten ableiten, und man erhält somit Hinweise auf seine Zusammensetzung. Bei solchen Planeten wäre es zum Teil auch möglich, ihre Atmosphären genauer zu untersuchen, denn während der Planet die Scheibe seines Muttersterns passiert, durchleuchtet das Sternenlicht die Atmosphäre am Rand der Planetenscheibe, die dann ihrerseits winzige, aber nachweisbare Spuren im Sternenlicht hinterlässt.

European Extremely Large Telescope

Dieses Riesenspiegelfernrohr der Europäischen Südsternwarte befindet sich seit dem 19. Juni 2014 im Bau. Es wird, wie es auch bei den anderen ESO-Teleskopen der Fall ist, ebenfalls in der chilenischen Atacamawüste errichtet, deren Sichtbedingungen als die besten der Welt gelten. Hier hat es seinen Platz auf dem 3064

Meter hohen Cerro Armazones, der nur zwanzig Kilometer vom VLT-Berg Cerro Paranal entfernt liegt. Das Giga-Fernrohr, unter einer Kuppel von 86 Meter Durchmesser und 74 Meter Höhe aufgestellt, erhält einen Hauptspiegel mit 39 Meter Durchmesser. Er wird aus 798 sechseckigen Spiegelelementen von je 1,42 Meter Durchmesser zusammengesetzt sein und mit der adaptiven Optik arbeiten, d. h.: jedes der einzelmontierten Segmente wird auch einzeln steuerbar sein. Man kann sie nach oben oder nach unten bewegen oder auch um zwei Achsen kippen, um so die beste Bildqualität zu gewinnen.

Das E-ELT wird 100.000.000-mal mehr Licht sammeln als das menschliche Auge, 8.000.000-mal mehr als das Teleskop Galileo Galileis und 26-mal mehr als eines der VLT-Hauptteleskope, und es werden sich mit seiner Hilfe 15-mal so viele Details am Sternenhimmel ausmachen lassen wie mit dem Hubble-Weltraumteleskop. Wenn das E-ELT Mitte der 2020-er Jahre in Betrieb geht, wird es mehr Licht sammeln als alle derzeit

Das von der ESO geplante „European Extremely Large Telescope" wird mit seinem 39-Meter-Primärspiegeldurchmesser alle bis dahin errichteten Fernrohre in den Schatten stellen.

Noch imposanter als das Teleskop ist der Kuppelbau, in dem das E-ELT auf dem Cerro Armazones untergebracht sein wird: 86 Meter Durchmesser und 74 Meter hoch.

Ansicht des von den USA und Kanada geplanten 30-Meter-Spiegelteleskops in seiner 56 Meter hohen und 66 Meter durchmessenden Kuppel auf dem Vulkan Mauna Kea.

existierenden Riesenteleskope zusammen und die Exoplanetenforschung noch weiter voranbringen. So soll es nicht nur neue Exoplaneten von bis zu Erdmasse entdecken, indem es die Schwankungsbewegungen von Sternen misst, die durch umkreisende Planeten hervorgerufen werden, sondern auch große Exoplaneten durch direkte Abbildung erfassen. Das würde es erlauben, die Zusammensetzung der Exoplanetenatmosphären vom Erdboden aus zu untersuchen.

Thirty Meter Telescope

Die Zahl im Namen nennt schon den Durchmesser des Hauptspiegels des von US-amerikanischen und kanadischen Instituten geplanten, aber auch von Japan, Indien und China mitfi-

nanzierten Giga-Teleskops: 30 Meter. Es wird wie die beiden 10-Meter-Keck-Teleskope seinen Platz auf dem 4050 Meter hohen Mauna Kea in Hawaii erhalten und ab 2022 einsatzbereit sein. Die Kuppel wird 56 Meter hoch sein, einen Durchmesser von 66 Meter haben, und der Hauptspiegel des mit adaptiver Optik ausgestatteten TMT aus 492 sechseckigen, einzeln gesteuerten Segmenten bestehen, mit einem Durchmesser von je 1,4 Meter. Das TMT wird vom nahen UV bis zum mittleren Infrarot arbeiten.

Giant Magellan Telescope

Das GMT wird auf dem Gelände der Las-Campanas-Sternwarte im Hochland von Chile errichtet und soll nach aktueller Planung bereits im Jahr

2020 fertiggestellt sein. Es arbeitet mit sieben Primärspiegeln, die je 8,4 Meter Durchmesser besitzen. Rund um den zentralen Mittelspiegel sind wie Blütenblätter die sechs anderen gruppiert, so dass ein Teleskop mit einem effektiven Spiegeldurchmesser von 24,5 Meter entsteht. Das GMT wird wie die anderen Riesenteleskope mit adaptiver Optik arbeiten. Ein ähnliches Teleskop, allerdings nur aus zwei 8,4-Meter-Spiegeln bestehend, die auf einer gemeinsamen Montierung befestigt sind, gibt es schon. Es ist das Large Binocular Telescope auf dem 3267 Meter hohen Mount Graham im US-Bundesstaat Arizona, das seit 2005 in Betrieb ist. Seine Lichtsammelleistung ist die gleiche wie die eines 11,8 Meter großen Teleskops. Nach seiner genauen Kalibrierung soll das GMT eine bis zu zehnfach bessere Trennschärfe als das Hubble-Weltraumteleskop haben. Mit seiner Empfindlichkeit kann das GMT Wellenlängen vom nahen Infrarot bis zum sichtbaren Licht erfassen. Es entsteht in 2516 Meter Höhe über dem Meeresspiegel und wird die dort bereits arbeitenden Teleskope ergänzen, unter denen sich bereits zwei 6,5-Meter-Spiegelteleskope namens „Magellan" befinden.

Fazit

Exoplaneten-Forschung ist nicht nur für Astronomen, sondern auch für die breite Öffentlichkeit eine enorm spannende Disziplin der Himmelsforschung. Um weitere Details über diese neu entdeckten Objekte jenseits unseres Sonnensystems zu erfahren, sind weitaus leistungsfähigere bodengebundene und weltraumgestützte Observatorien als bisher notwendig. Und dazu werden die neuen Riesenfernrohre in der Lage sein, die man zu Recht als „Giga-Teleskope" bezeichnen kann, sowie die geplanten Exoplaneten-Weltraumteleskope. Eines Tages könnte eines dieser Observatorien „Terra II" entdecken – eine zweite Erde im Universum mit Hinweisen auf Leben jenseits der Erde.

Blick in den Kuppelspalt des „Giant Magellan Telescope" mit seinen sieben Primärspiegeln von je 8,4 Meter Durchmesser, das ab 2020 im Hochland von Chile arbeiten soll.

8

EXOPLANETEN
FÜR JEDERMANN

Amateurastronomen und ihr Beitrag

Nach allem, was bisher in den Medien über Exoplanetenforschung verbreitet wurde und in Zukunft publiziert werden wird, ist natürlich auch der Wunsch vorhanden, sich privat mit diesem Gebiet astronomischer Forschung zu beschäftigen. Welche Möglichkeiten bestehen also, um dieser neuen Leidenschaft nachzukommen – besonders für Amateurastronomen, die durch ihr Hobby dem Himmel näher sind als das Gros der Bevölkerung?

Naturfreunde haben zu allen Zeiten die Erforschung ihrer Umwelt nie den Wissenschaftlern allein überlassen, sondern sich selbst daran gemacht, Antworten auf die zahlreichen Fragen zu finden, die Erde und Himmel bereitstellen. Das war und ist in der Astronomie nicht anders. Sogar einige später berühmt gewordene Fachastronomen haben erst einmal privat mit der Astronomie als Hobby begonnen. Bekannte Beispiele sind Wilhelm Herschel, von Beruf eigentlich Hofmusiker, und der Bremer Arzt Heinrich Wilhelm Olbers (1758–1840).

Möglichkeiten für „Exoplaneten privat"

Heutzutage können Hobbyastronomen aus einem großen Angebot von leistungsfähigen Fernrohren und zahlreichen Zusatzinstrumenten wählen, etwa CCD-Kameras oder Spektrografen. Im Grunde ist es „nur" eine Frage des Geldes, wie gut die Geräte sein sollen und was man mit ihnen machen möchte. Die Exoplanetenforschung ist schon mit kleinen Teleskopen ab circa 20 Zentimeter Öffnung und einer geeigneten Kamera möglich! Wer nicht so viel finanziellen Aufwand betreiben will, aber trotzdem mit leistungsfähigen Instrumenten arbeiten sowie die entsprechende Fachliteratur studieren möchte, dem bieten die zahlreichen astronomischen Vereinigungen und Volkssternwarten ausgiebig Gelegenheit. Wie aber sehen angesichts dieser überraschend günstigen Ausgangslage die Möglichkeiten für das Gebiet der privaten Exoplanetenforschung aus?

Über die notwendigen Beobachtungstechniken informiert man sich in den Fachgruppen der Vereinigung der Sternfreunde (*www.sternfreunde.de*) oder Fachzeitschriften wie „Sterne und Weltraum". Natürlich bietet auch das Internet aktuelle und umfangreiche Informationen, zum Beispiel die „Enzyklopädie der extrasolaren Planeten" unter *exoplanet.eu*. Hier gibt es nicht nur eine Liste aller bisher entdeckten Exoplaneten mit sämtlichen wichtigen Daten, sondern auch eine umfangreiche Bibliografie der zu diesem Thema erschienenen Publikationen. Um ständig auf dem Laufenden zu sein, kann man sich bei Google in der Kategorie „Alert" anmelden und bekommt sofort Nachricht, wenn im Netz ein neuer Beitrag zu diesem Thema erschienen ist – und das geschieht fast täglich.

Was kann aber der engagierte Sternfreund tun? Von einem Ziel sollte er sich gleich verabschieden, was auch dieses Buch versucht hat klar zu machen: Exoplaneten zu entdecken und den Details ihrer physikalischen Verhältnisse auf die Spur zu kommen. Dafür reicht das handelsübliche Beobachtungsequipment nicht aus, auch wenn dessen Qualität noch so hoch ist. Um an vorderster Front zu arbeiten, braucht es die Großteleskope und hochgezüchteten Kameras sowie Spektrografen der Forschungssternwarten – und die haben mit der Technik des Aufspürens sowie Untersuchens der Exoplaneten schon ihre Probleme. Die in diesem Buch beschriebenen Nachweisverfahren zur Messung der Radialgeschwindigkeit, die Astrometrische Methode, die Gravitations-Mikrolinsen-Methode, die Berechnung gestörter Planetenbahnen, die Lichtlaufzeit-Methode und natürlich die direkte Beobach-

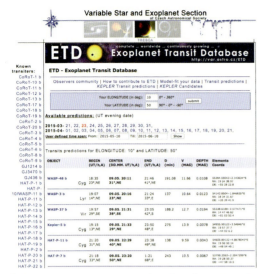

In der „Exoplanet Transit Database" werden die Messungen von Amateurastronomen archiviert.

an den Nachweis von Exoplaneten wagt. Denn der Transit eines Exoplaneten verursacht nur eine sehr kleine Abnahme des Sternlichts und fordert daher eine extrem genaue Messung der Sternhelligkeit. Wer bereits über ein Teleskop mit CCD-Kamera, genauer Nachführung und etwas Übung in der Astrofotografie verfügt, der kann sich an den in der Tabelle genannten Objekten versuchen. Die Liste ist nach Rektaszension geordnet (entsprechend ihrer jahreszeitlichen Sichtbarkeit), und alle Sterne stehen genügend hoch über dem Horizont. Die Beobachtungsdauer sollte um den Meridiandurchgang des Sterns erfolgen und deutlich mehr Zeit abdecken als die reine Dauer des Transits (vgl. die Lichtkurve auf Seite 169). Zur Planung und Auswertung eigener Beobachtungen (Lichtkurven) ist die „Exoplanet Transit Database" (ETD) unter *http://var2.astro. cz/ETD/* eine gute Anlaufstelle. Hier kann man sich für eine Nacht Beobachtungsvorschläge anzeigen lassen und anschließend die individuell gewonnenen Messdaten eingeben sowie die Lichtkurven online auswerten lassen. Je mehr Messungen der Transitzeiten eines Exoplaneten vorliegen, desto besser lassen sich dessen Bahnparameter bestimmen, durch die sich möglicherweise weitere Planetenfunde ergeben.

tung, also das Fotografieren von Exoplaneten, fallen somit für den Amateur von vornherein aus.

Was dem Amateur bleibt, ist die Messung der Helligkeitsschwankungen von Sternen, die durch Exoplanetentransite hervorgerufen werden. Dabei handelt es sich grundsätzlich um die photometrische Beobachtung von Veränderlichen Sternen; und man sollte auf diesem Gebiet erst einige Erfahrung sammeln, bevor man sich

Diese Arbeit des Amateurs ist nur ein kleines, aber vielleicht doch wissenschaftlich relevantes Steinchen im großen Mosaik der Welten fern unseres Sonnensystems. Und sie bereitet

Exoplaneten für Amateure

Objekt	Sternbild	Rekt.	Dekl.	Helligkeit	Helligkeits-abnahme	Umlaufzeit	Dauer
HAT-P-32 b	Andromeda	02:04:10	+46:41:17	11,29 mag	0,024 mag	2,15 Tage	187 min
Wasp-12 b	Fuhrmann	06:30:33	+29:40:20	11,69 mag	0,015 mag	1,09 Tage	180 min
XO-2 b	Luchs	07:48:07	+50:13:33	11,18 mag	0,012 mag	2,62 Tage	162 min
HAT-P-3 b	Großer Bär	13:44:23	+48:01:43	11,86 mag	0,015 mag	2,90 Tage	125 min
TrES-3	Herkules	17:52:07	+37:32:46	12,40 mag	0,029 mag	1,31 Tage	77 min
Wasp-3 b	Leier	18:34:32	+35:39:42	10,64 mag	0,012 mag	1,85 Tage	137 min
TrES-1	Leier	19:04:09	+36:37:57	11,79 mag	0,021 mag	3,03 Tage	150 min
TrES-2	Drache	19:07:14	+49:18:59	11,41 mag	0,017 mag	2,47 Tage	90 min
HD 189733 b	Füchschen	20:00:43	+22:42:39	7,67 mag	0,028 mag	2,22 Tage	110 min
Wasp-52 b	Pegasus	23:13:59	+08:45:41	12,00 mag	0,029 mag	1,75 Tage	109 min

viel Freude, motiviert zur Beobachtung, und wer sich ihr verschreibt, hat das Gefühl, Teil eines großen und immer umfangreicher werdenden Räderwerks der Exoplanetenforschung zu sein.

Ist ein Planet bereits entdeckt, so kann der Amateur versuchen, diesen Nachweis mit seinem eigenen Teleskop zu erbringen oder gar nach weiteren, noch unbekannten Begleitern suchen. Denn die bisher dokumentierten Transits dauern nur einige Stunden; sie können daher im Verlauf einer Nacht vollständig beobachtet werden – und auf diese Weise kann einem ein bisher nicht entdeckter Exoplanet ins Netz gehen. Das bedeutet zwar einen großen Glücksfall, ist aber nicht ganz auszuschließen. Wer sich nicht auf Fortuna als Assistentin verlassen möchte, dem sei die Beteiligung an Nachfolgebeobachtungen von Transitsuchen der Profi-Astronomen empfohlen.

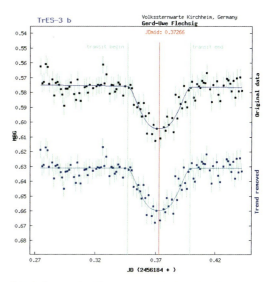

Lichtkurve des Transits von TrES-3 b, aufgenommen mit einem 13-cm-Refraktor der Sternwarte Kirchheim von Gerd-Uwe Flechsig.

Exoplanetensuche
im Datenkosmos

Die von den Profiteleskopen und Satelliten erzeugten Datenmengen sind so enorm, dass ihre Durchforstung mittlerweile auch von Privatleuten durchgeführt werden kann. Unter der Bezeichnung „Citizen Science" („Bürgerwissenschaft") bieten sich beim 2010 ins Leben gerufenen Projekt ZOONIVERSE (*zooniverse.org*) dem interessierten Freizeitwissenschaftler zahlreiche Möglichkeiten, darunter auch die Suche nach Exoplaneten in Daten des *Kepler*-Weltraumteleskops *(www.planethunters.org)*.

Zwar hat das *Kepler*-Team spezielle Computerprogramme, um sich rationell durch die Lichtkurvendaten zu arbeiten und nach Mulden in ihnen zu suchen, die auf vorüberziehende Exoplaneten hinweisen. Aber es kann nicht jede Lichtkurve unter die Lupe nehmen. Deshalb ist hier die Mitarbeit der Allgemeinheit gefragt und nicht zu unterschätzen. Das menschliche Gehirn ist nämlich besonders gut im Erkennen von Mustern und Abweichungen. Bündelt man diese Fähigkeit, indem viele Menschen zusammenarbeiten, so ist die kollektive Aufmerksamkeit der eines Experten überlegen, wenn es darum geht, die berühmte Nadel im Heuhaufen zu finden. Ist auf diese Weise eine Einbuchtung im Verlauf einer Lichtkurve, die noch nicht zu einem bekannten Exoplanetenkandidaten gehört, von vielen Citizen Scientists aufgespürt worden, dann analysiert das an diesem Projekt mitarbeitende Wissenschaftlerteam des Keck-Observatoriums die Daten. Es versucht, Beobachtungen mit Teleskopen folgen zu lassen, um so das neu gefundene Muster mit den unterschiedlichen Lichtkurven zu vergleichen und ein Transitsignal zu verifizieren. Ist das erfolgreich geschehen, wird den an der Entdeckung beteiligten Bürgerwissenschaftlern entsprechende Anerkennung zu Teil. Bereits der erste Fund der Planetenjäger hat Aufsehen erregt. Die Datenanalysen von Kian Jek und Robert Gagliano führten zur Entdeckung des ersten Exoplaneten in einem Vierfachsternsystem (Kepler-64 b oder PH1b, siehe auch Seite 117). Die genaue Analyse der von *Kepler* erhaltenen Transit-Lichtkurven in Verbindung mit hochauflösenden Radialgeschwindigkeitsmessungen ergab überraschend, aber auch weitgehend zweifelsfrei, dass es in diesem „doppelten" Doppelsternsystem einen Exoplaneten von rund 0,5 Jupitermassen gibt.

Literatur/Internet

Bücher, Sternkarten, Software

Bizony, P.:
   1001 Wunder des Weltalls
   Eine Reise durch das Universum
Butterworth, J.:
   Der Kosmos im Crashtest
   So haben wir das Higgs gejagt
Celnik, W. E., Hahn, H. M.:
   Astronomie für Einsteiger
   Zum praktischen Einstieg in das Hobby
   Astronomie
Freistetter, Florian:
   Die Neuentdeckung des Himmels
   Auf der Suche nach Leben im Universum
Hahn, H. M.; Weiland G.:
   Drehbare Kosmos-Sternkarte
   Der Klassiker für Hobby-Astronomen
Herrmann, J.:
   Welcher Stern ist das?
   Der Sternführer für erste Himmelstouren
Keller, H.-U.:
   Kompendium der Astronomie
   Lehrbuch und Nachschlagewerk
Keller, H.-U.:
   Kosmos Himmelsjahr
   Das beliebte Astronomie-Jahrbuch
Lesch, H.; Müller, J.:
   Sternstunden des Universums
   Von tanzenden Planeten und kosmischen
   Rekorden
Mackowiak, B.:
   Bildatlas Astronomie
   Mit mehr als 450 Bildern und Karten
Piper, S.:
   Exoplaneten
   Die Suche nach einer zweiten Erde
United Soft Media:
   Redshift
   Preisgekröntes Planetariumsprogramm für PC,
   MacOS und als App für iOS
Scholz, M.:
   Planetologie extrasolarer Planeten

Seip, S.:
   Himmelsfotografie mit der digitalen
   Spiegelreflexkamera
   Die schönsten Motive bei Tag und Nacht
Sinnott, R. W.:
   Kosmos Sternatlas kompakt
   Der Sternenhimmel auf 80 handlichen Karten
Sparrow, G.:
   MARS
   Der rote Planet zum Greifen nah
Vogel, M.:
   Kosmos Sternführer für unterwegs
   Sternbilder und Planeten entdecken
   und beobachten

Internetlinks

www.astronomie.de und www.astrotreff.de
   Diskussionsforen für Hobby-Astronomen
www.bav-astro.de
   Die bundesdeutsche Arbeitsgemeinschaft
   für Veränderliche Sterne.
http://www.esa.int/ger/ESA_in_your_country/
   Germany
   Deutschsprachiges Portal der Europäischen
   Weltraumagentur
http://www.eso.org/public/germany/
   Deutschsprachiges Portal der Europäischen
   Südsternwarte
www.exoplanet.eu
   Die „Extrasolar Planets Encyclopaedia"
www.kosmos-himmelsjahr.de
   Himmelsereignisse im Jahreslauf
www.planethunters.org
   Exoplanetensuche für jedermann
http://skyweek.wordpress.com
   Aktuelle Nachrichten aus dem All von
   Daniel Fischer
www.sterne-und-weltraum.de
   Online-Nachrichten des Astronomie-
   Magazins
www.sternfreunde.de
   Die Vereinigung der Sternfreunde e.V.
http://var2.astro.cz/ETD/
   Die „Exoplanet Transit Database"

| Register

Kursive Einträge beziehen sich auf Bildlegenden

Bildnachweis

Legenden zu den großen Bildern bei den Kapitelanfängen:

Seite 6: Die Vielfalt der Exoplaneten, in einer Illustration. Das Spektrum reicht von heißen Gasriesen über Planeten von Neptungröße bis hin zu terrestrischen Welten verschiedener Ausprägung. Ob man Exoplaneten jemals so gut fotografieren können wird, steht sprichwörtlich in den Sternen.

Seite 10: Die Erde steht im Zentrum des Universums: Dieses aus heutiger Sicht überholte Weltbild war jahrhundertelang Stand der Wissenschaft. Die Abbildung zeigt eine Illustration aus dem Werk „Harmonia Macrocosmica" von Andreas Cellarius aus dem Jahr 1660.

Seite 32: Das Sternbild Pegasus mit dem Stern Nr. 51. Bei diesem Stern wurde 1995 der erste Exoplanet entdeckt. Es handelt sich dabei um einen sogenannten „Heißen Jupiter", da er ungefähr die halbe Masse von Jupiter besitzt und seinen Stern in nur 7,5 Millionen Kilometer Abstand umrundet.

Seite 46: Unsere Milchstraße, in einer Illustration von oben gesehen. Die Sonne mitsamt ihrer Planeten befindet sich 28.000 Lichtjahre vom Zentrum der Galaxis entfernt. Die Spiralarme der Milchstraße sind nach den Sternbildern benannt, wie man sie von der Erde aus in dieser Richtung sieht.

Seite 66: Zwei Sonnen und ein Exoplanet: Um den Doppelstern Kepler 16 AB kreist ein Exoplanet von etwa einem Drittel der Jupitermasse. Bei den Sternen handelt es sich um einen sonnenähnlichen Stern (im Bild der größere) und um einen roten Zwergstern.

Seite 82: Der Stern mit der Katalognummer HD 189733 wird von einem jupitergroßen Exoplaneten begleitet, der seinen Stern alle 2,2 Tage auf einer extrem engen Umlaufbahn umkreist. Da der Planet regelmäßig vor seinem Stern vorbeizieht, konnte die Atmosphäre des Exoplaneten untersucht werden.

Seite 124: Um den Stern HD 85512 im Sternbild Segel kreist eine „Supererde": Dieser terrestrische Planet besitzt fast die vierfache Masse unserer Erde. Seine Umlaufbahn liegt am Rand der habitablen Zone, auf ihm könnte daher flüssiges Wasser vorhanden und sogar Leben entstanden sein.

Seite 148: Das erdähnliche Bild dieser Illustration des Exoplaneten Kepler 69 c täuscht: Nach seiner Entdeckung noch als Supererde gehandelt, wurde er durch verfeinerte Messungen später als „Supervenus" eingestuft. Damit bestehen dort keine Aussichten auf Leben.

Seite 166: Dem Hobby Astronomie sind heutzutage kaum noch Grenzen gesetzt: Wer in ein entsprechend gutes Teleskop mit stabiler Montierung und empfindlicher Kamera investiert, der kann damit sogar Exoplaneten nachweisen.

61 Fotos und 99 Illustrationen, davon 23 Illustrationen von Gunther Schulz (GS) nach Vorlagen des Autors und den hier angegebenen Quellen. Seite 6: Harvard-Smithsonian Center for Astrophysics, C. Pulliam und D. Aguilar; 10: Andreas Cellarius, „Harmonia Macrocosmica"; 12: GS; 14: GS; 15: GS; 17: Wikimedia; 18 oben: Andreas Cellarius, „Harmonia Macrocosmica", 18 unten: Staatsbibliothek Krakau; 19: NASA/ESA; 20 oben: Bundesarchiv; 20 unten: ESO; 22 alle: Wikimedia; 23: ESO; 24: GS; 25: Hochschule RheinMain; 26: Alvim Correa; 27 unten: Archiv Kosmos-Verlag; 27 oben: Warwick Goble; 28: Wikimedia; 29: NASA/JPL; 30: Pabel-Moewig Verlag KG; 32: GS; 33: Universität Genf; 34: Observatoire de Haute Provence; 36 beide: Digitized Sky Survey; 37: NASA/JPL; 38: GS; 39 unten: NASA/ESA; 39 oben: NASA/IRAS und NASA/ESA; 40 beide: ESO; 42 oben: Mario Weigand; 42 unten: GS; 43: GS, nach Marcy und Butler; 44: GS/NASA/JPL; 45: DER SPIEGEL 45/1995; 47: GS/NASA/JPL-Caltech/R. Hurt; 48 unten: Archiv Kosmos-Verlag; 48 oben: University of Michigan; 49 oben: Archiv Kosmos-Verlag; 49 unten: Mt. Wilson Observatory; 50: NASA/JPL; 51 oben: NASA; 51 unten: GS/Internationale Astronomische Union; 52: GS; 54: NASA/JPL; 56 oben: GS; 56 unten: NASA/JPL; 57: GS; 58 beide: GS; 59: NASA/JPL; 60 beide: NASA/JPL; 61 beide: NASA/JPL; 62 links: NASA/JPL; 62 rechts: ESA; 63: NASA; 65: NASA; 66: NASA; 68: NASA; 69: GS/ESO; 70 oben: GS; 70 unten: Sven Melchert; 71 oben: GS; 71 unten: ESO; 72: SuperWASP; 73 oben: NASA/CoRoT; 73 unten: NASA/G. Bacon; 74: GS; 75: OGLE/Beaulieu et al.; 76: NASA/JPL-Caltech/R. Hurt; 77: GS; 78 beide: ESO; 79 oben: ESO; 79 unten: NASA/ESA; 80 oben: Gemini Observatory; 80 unten: Gemini Observatory/Lynette Cook; 81: NASA; 82: ESA/C. Carreau; 84: ESO/H. Zodet; 85: NASA; 86: NASA; 87: NASA/JPL-Caltech/R. Hurt; 88: GS/ESO; 89: GS; 91: NASA/ESA; 92: ESO/M. Kornmesser; 93: GS/NASA; 95 beide: NASA/JPL-Caltech; 96: NASA/JPL-Caltech; 97: NASA; 98: ESO/L. Calçada/Nick Risinger; 99: NASA/JPL-Caltech/R. Hurt; 100: ESO/L. Calçada; 101: NSF/T. Schindler; 102: ESO/L. Calçada; 103: NASA/ESA/G. Bacon; 104: ESO/L. Calçada; 105: NASA/JPL-Caltech; 106: ESA/M. Kornmesser; 107: NASA/JPL-Caltech/L. Langton; 108: NASA/JPL-Caltech/T. Pyle; 109: NASA/JPL-Caltech/R. Hurt; 111: NASA/JPL-Caltech/T. Pyle; 112: NASA/JPL-Caltech; 113: Harvard-Smithsonian Center for Astrophysics/D. Aguilar; 114: NASA/JPL; 115: NASA/JPL-Caltech/T. Pyle; 116: NASA/JPL; 117: NASA/Haven Giguere/Yale; 118: NASA/Ames/SETI Institute/JPL-Caltech; 119: PHL/UPR Arecibo; 120: ESO; 121: NASA/JPL-Caltech/R. Hurt; 122: ESO; 123: ESO; 124: ESO/M. Kornmesser; 126: Deutsches Zentrum für Luft- und Raumfahrt; 127: NASA/Ames/JPL-Caltech; 128: ESO/M. Kornmesser/N. Risinger; 129 unten: NASA/JPL; 129 oben: NASA/JPL; 130: GS; 133: NASA/CXC/M. Weiss; 134: NASA/JPL-Caltech; 136: GS/ESO; 137: GS/NASA/JPL-Caltech; 139: SETI-Institut; 141: NAIC Arecibo Observatory/NSF; 142: SETI-Institut; 143: GS/ESA; 145: Caltech/D. Cummings; 146 oben links: NASA; 146 oben rechts: NASA/JPL/Planetquest; 147: Max-Planck-Institut für Astronomie/Hedge et al.; 148: NAS/Ames/JPL-Caltech; 149 beide: ESO; 150: ESO; 151: CNES; 152 oben: NASA/TheSky; 152 unten: NASA; 153: NASA/Kepler; 154: ESA; 155 beide: ESA; 156: GS/NASA; 157: GS/NASA; 158: NASA; 159: NASA; 160: NASA; 161. SuperWASP; 162: ESO; 163 beide: ESO; 164: TMT International Observatory; 165: GMTO Corporation; 166: Stefan Seip; 168: Exoplanet Transit Database; 169: Gerd-Uwe Flechsig.

Impressum

Umschlaggestaltung von eStudio Calamar unter Verwendung einer Illustration von David A. Aguilar (Harvard-Smithsonian Center for Astrophysics) auf der Vorderseite und einer Illustration der Europäischen Südsternwarte (ESO) auf der Rückseite.

Mit 61 Farb- und Schwarzweißfotos und 99 Farbzeichnungen.

Unser gesamtes lieferbares Programm und viele weitere Informationen zu unseren Büchern, Spielen, Experimentierkästen, DVDs, Autoren und Aktivitäten finden Sie unter kosmos.de.

FSC
www.fsc.org

MIX
Papier aus verantwortungsvollen Quellen
FSC® C110508

Gedruckt auf chlorfrei gebleichtem Papier

© 2015, Franckh-Kosmos Verlags-GmbH & Co. KG, Stuttgart
Alle Rechte vorbehalten
ISBN 978-3-440-14611-8
Redaktion: Sven Melchert
Gestaltung und Satz: Martina Heitzmann-Schulz
Produktion: Ralf Paucke
Printed in Germany/Imprimé en Allemagne

KOSMOS.
Die Welt und das Universum.

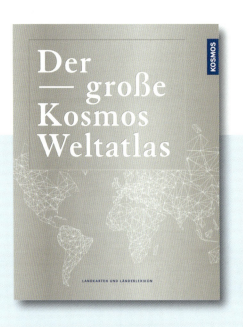

Dieser hochwertige Atlas bietet Ihnen umfangreiche und hochaktuelle Weltkarten in beeindruckender Qualität. Dazu ergeben sich zahlreiche Gelegenheiten, die Welt neu zu entdecken: von geografischem Basiswissen der Lebensräume unserer Erde, facettenreichen Fotos und Beschreibungen der bedeutendsten Metropolen bis hin zu Satellitenbild-Kunstwerken, die die vielschichtige Schönheit unseres Planeten zeigen.

Der große Kosmos Weltatlas
752 S., €/D 99,00

Wie wurde das berühmte „Gottesteilchen" entdeckt? Und welche Bedeutung hat sein Nachweis für unser Verständnis der Naturgesetze? Jon Butterworth berichtet hautnah über die Ereignisse hinter den Kulissen der Weltmaschine und von der unglaublichen Entdeckung.

„Die meisten Berichte über die Ereignisse am CERN wurden aus einer theoretischen Sicht von Außenstehenden geschrieben. Jon Butterworth hingegen ist ein beteiligter Forscher und schildert als Erster, wie die Entdeckung aus der Sicht eines Insiders ablief."
– Peter Higgs, Nobelpreisträger für Physik

Jon Butterworth | **Der Kosmos im Crashtest**
368 S., €/D 19,99

Bestellen Sie jetzt auf kosmos.de